単位換算表（エネルギー）

	J	kJ mol^{-1}	eV	cm^{-1}
1 J	1	$6.022\,141 \times 10^{20}$	$6.241\,509 \times 10^{18}$	$5.034\,12 \times 10^{22}$
1 kJ mol^{-1}	$1.660\,539 \times 10^{-21}$	1	$1.036\,427 \times 10^{-2}$	83.593 5
1 eV	$1.602\,177 \times 10^{-19}$	96.485 3	1	8 065.54
1 cm^{-1}	$1.986\,446 \times 10^{-23}$	$1.196\,266 \times 10^{-2}$	$1.239\,842 \times 10^{-4}$	1

単位換算表（圧力）

	Pa	ber	mmHg	atm
1 Pa	1	10^{-5}	$7.500\,6 \times 10^{-3}$	$9.869\,23 \times 10^{-6}$
1 ber	10^5	1	$7.500\,6 \times 10^3$	0.986 923
1 mmHg(Torr)	133.322	$1.333\,22 \times 10^{-3}$	1	$1.315\,8 \times 10^{-3}$
1 atm	$1.013\,25 \times 10^5$	1.013 25	760	1

注）列左端の単位を最上行の単位に換算するには，換算前の単位の行と換算後の単位の列の交点の数字を換算前の単位の数値に掛ければよい。エネルギーを例に取ると，例えば2eVをkJmol^{-1}に換算するには2に96.4853を掛ければよい。

ギリシャ文字

アルファ	A	α	イオタ	I	ι	ロー	P	ρ
ベータ	B	β	カッパ	K	$\varkappa$	シグマ	Σ	σ
ガンマ	Γ	γ	ラムダ	Λ	λ	タウ	T	τ
デルタ	Δ	δ	ミュー	M	μ	ウプシロン	Y	υ
イプシロン	E	ε	ニュー	N	ν	ファイ	Φ	ϕ
ゼータ	Z	ζ	グザイ	Ξ	ξ	カイ	X	χ
イータ	H	η	オミクロン	O	o	プサイ	Ψ	ψ
シータ	Θ	θ	パイ	Π	π	オメガ	Ω	ω

理工系学生のための

基礎化学

田島正弘・熊澤 隆・吉田泰彦
共編著

培風館

執筆者一覧（執筆順）

< >は執筆分担

吉田　泰彦　　東洋大学理工学部応用化学科教授　＜1章＞

田代　基慶　　東洋大学理工学部応用化学科准教授　＜2章＞

谷村　景貴　　東洋大学計算力学研究センター客員研究員　＜3章＞

田島　正弘　　東洋大学理工学部応用化学科教授　＜4章＞

浜名　浩　　埼玉工業大学工学部生命環境化学科教授　＜5章＞

佐々木直樹　　東洋大学理工学部応用化学科准教授　＜6章＞

松浦　宏昭　　埼玉工業大学工学部生命環境化学科准教授　＜7章＞

徳村　雅弘　　静岡県立大学食品栄養科学部環境生命科学科助教　＜8章＞

相沢　宏明　　東洋大学理工学部応用化学科准教授　＜9章＞

菅又　功　　立教大学理学部化学科助教　＜10章＞

萩原　時男　　埼玉工業大学工学部生命環境化学科教授　＜11章＞

相川　俊一　　東洋大学工業技術研究所奨励研究員　＜12章＞

越後　輝敦　　東洋大学バイオ・ナノエレクトロニクス研究センター研究助手　＜13章＞

熊澤　隆　　埼玉工業大学工学部生命環境化学科教授　＜14章＞

藤野　竜也　　東洋大学理工学部応用化学科教授　＜15章＞

——所属は 2018 年 1 月現在——

本書の無断複写は，著作権法上での例外を除き，禁じられています。
本書を複写される場合は，その都度当社の許諾を得てください。

まえがき

　学問に対する関心が，時代や景気の変動などによりいろいろと移り変わり，時には「理工ブーム」，時には「理工離れ」が取りざたされてきました。つい最近におきましても「理工離れ」が心配されていましたが，アベノミクスによる景気回復や「リケジョ」などのブームにより「理工ブーム」が叫ばれていたかと思っているうちに，また「理工離れ・文系重視」が顕著になりつつあります。

　私たち大学の教育は，このようなブームに左右される必要はありませんが，特に最近の学生気質では「化学」に興味を持つ学生がごく限られていることが気になります。応用化学科に進学してくる学生の中においても高校時代に「化学」を学ばず，偏差値を重視して進学してくる学生もいますし，一般社会においては「化学」の知識は皆無であったり，応用化学科ではない理工学系学生においても「化学」の知識が中学レベルのものが大勢を占めているようです。それでも多くの学部・学科では「化学」を「一般教養の化学」として選択科目あるいは必修科目としており，社会における教養基礎として配慮していることは有難いことです。しかし，その大学一般教養として出版されている「化学」の教科書の多くは，なかなか適当なものとはいい難いものがあります。現在，多くの大学で教科書として採用されている書籍は，ほとんど「化学」分野の学生を対象としており，応用化学系以外の学生には理解しにくく，その教科書から「化学」に対する興味・関心が生まれるようなものではありません。また，化学のトピックス的な事項をまとめた書籍も多く出版されておりますが，文系などの学生への啓蒙書としては興味をもたれることで良いとは思いますが，「化学」全体を理解できるものとはいえません。

　このような状況を踏まえ，我々は「高校の化学」を学んでいない学生も興味をもち「化学」を体系的に理解しやすい「大学初学年生のための一般教養・化学」，さらには「理工系学部共通の基礎となる物理化学への入門」の書籍の執筆を企画いたしました。必ずしも読者諸氏の希望をかなえたものとはいえないとは思いますが，読者の希望を取り入れ反映させていきたいと考えています。

　最後に，多くの著者をまとめ，本書の企画・編集・校正に多大なるご尽力を頂いた培風館の斉藤淳氏，近藤妙子氏をはじめとする関係諸氏に，厚く感謝申し上げます。

2018 年 1 月

編者代表

吉 田 泰 彦・田 島 正 弘

目　　次

1　はじめに —————————————————————— 1
　　1.1　社会生活を支える化学　　1

2　化学で用いる数 —— 単位と測定値 ————————— 7
　　2.1　指数による大きな数・小さな数の表現　　7
　　2.2　単　　位　　8
　　2.3　化学での数値の取り扱い　　14
　　　　　2章　章末問題　　18

3　原子の構造と性質 ————————————————— 20
　　3.1　電子の発見　　20
　　3.2　原子モデル　　20
　　3.3　水素原子の線スペクトル　　21
　　3.4　ボーアの原子モデル　　22
　　3.5　ド・ブロイの物質波　　24
　　3.6　ハイゼンベルグの不確定性原理　　25
　　3.7　原 子 軌 道　　25
　　3.8　原子軌道の形　　27
　　3.9　スピン量子数と原子の電子配置　　28
　　3.10　原子の性質の周期性　　29
　　　　　3章　章末問題　　32

4　化学結合と分子の構造 ——————————————— 33
　　4.1　オクテット則とルイス構造式　　33
　　4.2　原子の電子配置と結合　　34
　　4.3　混 成 軌 道　　37
　　4.4　分 子 軌 道　　42
　　4.5　分子間に働く力　　43
　　　　　4章　章末問題　　45

5 気体の特性 ——————————————————— 46

5.1 物質の三態　46

5.2 気体の法則　47

5.3 理想気体の状態方程式　51

5.4 実存気体と理想気体の方程式　52

5 章　章末問題　53

6 液体および溶液の性質 ——————————————— 54

6.1 溶　　解　54

6.2 溶 解 度　56

6.3 濃　　度　58

6.4 蒸 気 圧　60

6.5 束一的性質 —— 溶質の数がおよぼす影響　62

6 章　章末問題　65

7 酸・塩基と化学平衡 ————————————————— 66

7.1 酸および塩基とは　66

7.2 pH（ピーエイチ）とは　66

7.3 アレニウスの酸および塩基とは　67

7.4 酸および塩基の価数とは　68

7.5 酸および塩基の強弱とは　68

7.6 電離度とは　69

7.7 緩衝溶液とは　70

7.8 化学平衡について　71

7 章　章末問題　73

8 酸化還元反応と化学反応の速さ ————————— 74

8.1 酸化還元反応　74

8.2 反応速度論　77

8 章　章末問題　84

9 無機化合物 ———————————————————————— 85

9.1 無機化合物とは　85

9.2 無機化合物の化学的性質　86

9.3 無機化合物の機械的性質　88

9.4 無機化合物の熱的性質　90

9.5 無機化合物の電気的性質　90

9.6 無機化合物の光学的性質　91

9.7 興味深い無機材料　91

目　次　　　v

10　有機化学と有機材料 ──────────── 94

10.1　有機化学とは　94

10.2　有機化合物の特徴　94

10.3　有機化合物の分類　95

10.4　身近な有機化合物　102

　　　10 章　章末問題　105

11　エネルギーとエントロピー ────────── 106

11.1　エネルギーの利用　106

11.2　エンタルピー　108

11.3　エントロピー──自然に起こる変化の方向　114

11.4　ギブズの自由エネルギー　116

　　　11 章　章末問題　118

12　身の回りを豊かにする材料 ──────────── 119

12.1　高 分 子　119

12.2　高分子材料　122

12.3　イオン交換樹脂　128

　　　12 章　章末問題　130

13　生物の化学 ─────────────────── 131

13.1　生 物 と は　131

13.2　生物を構成する元素　132

13.3　生物を形成する主要な分子　132

13.4　生体内での化学反応とエネルギー　133

13.5　糖　　質　134

13.6　脂 質 と 膜　136

13.7　アミノ酸とタンパク質　137

13.8　ヌクレオチドと核酸　140

　　　13 章　章末問題　143

14　環境と化学 ─────────────────── 144

14.1　人と環境とのかかわり　144

14.2　生物圏の化学　144

14.3　生物圏の物質循環　146

14.4　環境汚染の化学　150

14.5　世界および日本の資源　156

15 社会を支え監視する鑑定・分析化学 ——————————— 159

15.1 血痕判定　159

15.2 デオキシリボ核酸（DNA）判定　162

15.3 薬物判定　167

演習問題の解答 ————————————————— 173

索　引 ——————————————————————— 177

1 はじめに

1.1 社会生活を支える化学

化学は，目で見ることのできない原子や分子を基本にしていることから一般にはなじみにくく感じられる。また，現実世界の物質は一種類の化学物質からなるものばかりではなく，非常に多くの複数の化学物質から構成されている。生命，環境から先端材料まで，私たちの社会や生活のあらゆるものが「化学」の対象である（図1.1）。

図 1.1　あらゆる物質は原子（元素）からできている

私たちの宇宙はビッグバンにより生じ，現在ではその宇宙を構成する元素は，そのほとんどが水素とヘリウムである。しかし，地球は重力が小さいことから水素やヘリウムをほとんど含まず[*]，恒星での核融合反応により生じたさまざまな元素から構成されている。四十六億年前に誕生した地球上に有機化合物の化学進化を経て三十数億年前に誕生した生命は，現在のヒトにまで生物進化してきている。その生物の誕生には，水球（宇宙から地球を眺めれば）とも言われる液体の水の存在とその物性が重要である。生物進化により生まれた私たちヒトはその主要成分（60〜80%）が水であり，生命において水の役割が如何に大きいかがわかる。また，水を構成する水素と酸素原子以外に炭素と窒素の割合も多いことが生命体の特徴でもある。さらに，生命維持には，数多くの微量元素の存在とその役割が重要である。

生命を構成する炭素 (C)，水素 (H)，酸素 (O) や窒素 (N) などの元素は，さま

*) 木星や土星などの巨大惑星の主成分は水素とヘリウムであり，水星・金星・地球・火星などの小さな惑星には水素・ヘリウムはほとんど存在しない。

*) 「鳥目」は,「夜盲症」の一症状であり,暗いところで視力が落ち見えにくくなる。後天性の夜盲症の一つであり,ビタミン A 欠乏による。近年は食生活の改善により,ほとんど見られない。

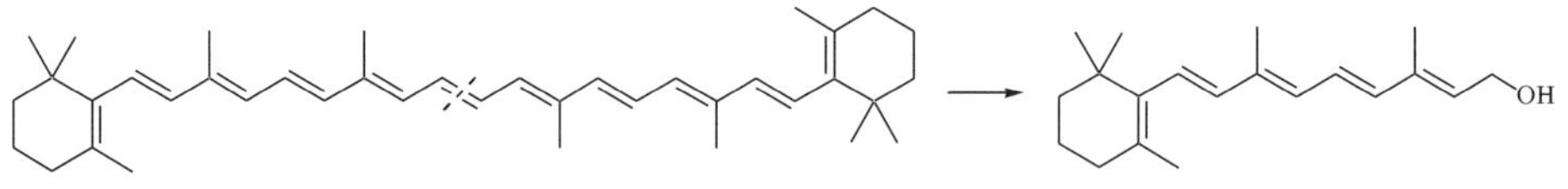

ざまな化学結合により分子となり,タンパク質,脂肪,糖類,ビタミンやステロイドなどの分子として,生体中においてさまざまな重要な役割を果たしている。このように,私たち人間も「化学物質」から構成されており,その化合物の変化・化学反応により生命をつないでいるのである。例えば,私たちヒトは,食べたデンプンや脂肪を体内で燃焼(複数段階での酸化反応)して得られた熱エネルギーで体温を約 37 ℃ に維持している。「ニンジン(人参)を食べると目に良い」とか「ニンジンは鳥目*)に良い」とか言われているが,これは「ビタミン A 不足なのでニンジンを食べるように」と言うことを意味している。ニンジンの色の成分 β-カロテンが体内でビタミン A に化学変化するからである(図 1.2)。

図 1.2 β-カロテンとビタミン A (レチノール)

また,2016 年に「分子マシンに関する研究」でソバージュ(Sauvage, J.-P.),ストッダート(Stoddart, J.F.)とフェリンガ(Feringa, B.L.)の 3 氏がノーベル化学賞を受賞した。受賞者の一人フェリンガ教授の研究は,「分子でメカニカルな機構を模倣する基礎研究」であり,光照射によって一方向だけに回転する光駆

コラム:視細胞での可視光の認識メカニズム

私たちヒトは視覚において,ロドプシンを構成する 11-シス-レチナール成分のオール-トランス-レチナール成分への異性化反応により光が認識されている(図 1.3)。このレチナールは β-カロテンからビタミン A (レチノール)を経て体内で生成している(図 1.2)。

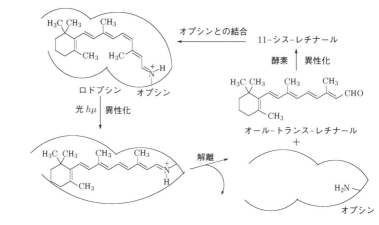

図 1.3 視細胞での光エネルギーの検出原理

1.1 社会生活を支える化学

上部の三つの六角形と下部の六角形は二重結合で化学結合している。そのため回転はできないが，紫外線を吸収すると二重結合が切れ，一重結合になるため自由に回転する。しかし，上部の六角形に結合している枝（メチル基）が邪魔をして一方向にのみ回転する。

図 1.4 フェリンガの分子モーター

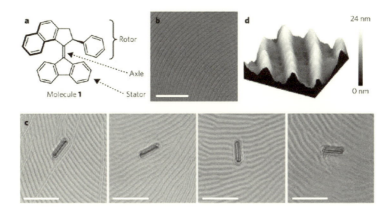

図 1.5 分子モーターによるミリメートルサイズの光照射による回転

動型分子モーターが報告されている。その際に，図 1.4 に示すように，メチル基の存在により一方向に回転するように設計している（図 1.5）。

この分子モーターを発展させ，光照射による分子の回転をマクロサイズ（ミリメートルサイズ）で実現させている。

これらのように分子としての認識はしにくくなるが，私たちの周りには空気，水，土壌，動物植物や住宅，衣服，食品，電化製品，自動車，文具など，さまざまな物質が私たちの生活を支えている。このような化学物質や現象を具体的に見てみよう。

1.1.1 社会生活

現在，都心ではさまざまな高層ビルディング（図 1.6）が建設され社会活動の場を提供しているが，これらの建築物には最新の化学により開発されたさまざまな金属，セラミックス，有機材料の利用が不可欠である。また，潮風などの過酷な条件にも耐えられる橋（図 1.7），高速道路，さまざまな物資を運搬する車や鉄道・船舶など，化学は安全で快適な社会基盤を提供している。

図 1.6 高層ビルディング
http://commons.wikimedia.org/wiki/File:
Skyscrapers_of_Shinjuku_2009_January.jpg

図 1.7 明石海峡大橋
http://commons.wikimedia.org/wiki/File:Akashi-Bridge-3.jpg

図 1.8 自動車
http://commons.wikimedia.org/wiki/File:Nissan_Skyline_350GT_Hybrid_Type_P.jpg

1.1.2 自動車・エネルギー

快適な生活を支えるために，自動車は不可欠な存在になっている（図 1.8）。この自動車も環境エネルギー問題を考え，金属材料のプラスチック化による軽量化，燃費の向上，排ガス微粒子のクリーン化，燃料電池自動車や電気自動車の検討など，化学による問題解決が求められている。また，石油などの化石資源の枯渇を踏まえた代替資源の開発が求められている。自然エネルギーの利用として，太陽光発電の原材料としてシリコンを始め，多くの化合物が検討されている。

1.1.3 住宅・電化製品

家屋は，わら，木材，レンガ，石，コンクリートなどさまざまな材料で建設されており，その内装に塗料フィルム，繊維強化プラスチックやセラミックスなどのさまざまな化学物質が利用されている。また，日本の住宅は電化製品に溢れているが，シリコン (Si) を基礎とした集積回路 (LSI) に支えられている（図 1.9）。最近では，ディスプレイとして液晶が多用されているが，有機 EL の利用も始まっている。これらには有機化合物の構造に起因する特性が基となっている。

1.1 社会生活を支える化学

図 1.9 半導体集積回路
http://commons.wikimedia.org/wiki/File:Integrated_circuit_on_microchip.jpg

1.1.4 衣料品・文具

天然繊維や合成繊維，皮革などを利用して，人の暮らしを快適にしており，さらにさまざまなスポーツ用衣料や用具を提供している（図 1.10）。また，人類の発展には教育が重要であるが，教育現場におけるさまざまな文具が開発されている。

図 1.10 さまざまな衣料品やスポーツ用具

1.1.5 食料，農薬，医療・医薬品

医療技術の向上・医薬品の開発などにより，人の寿命ははるかに伸び，現在人類の人口は 73 億人にも達している。ハーバー・ボッシュ法による窒素と水素からのアンモニア合成*)や農業技術の発展により，人類を 20 億トン強の穀類の生産により支えているが，さらに増加する人口に対応すべく，さまざまな医薬品・農薬の向上，穀物・作物の改良など，「化学」が果たす役割は大きい（図 1.11）。

1.1.6 環　境

地球温暖化，オゾン層破壊，酸性雨，熱帯林の減少，廃棄物問題，リサイクルなど，私たちを取り巻く環境にさまざまな問題が生じている。しかし，地球温暖

---

*) 1918 年ハーバー（Haber, F.），1931 年にボッシュ（Bosch, C.）が，高温高圧下で触媒を用いて窒素と水素ガスを反応させてアンモニアが生成することを発見・工業化したことで，ノーベル賞を受賞した。

$N_2 + 3H_2 \rightarrow 2NH_3$

図 1.11 食料生産
http://commons.wikimedia.org/wiki/File:Ine_inaho.jpg

化の原因物質とされる二酸化炭素（CO_2）やメタン（CH_4），オゾン層を破壊する原因物質とされるフロンなど，すべて「化学」の対象物質であり，問題解決に対して「化学」が期待されている（14 章）。

コラム：ニホニウム Nh の発見と元素

物質の成分は何かということをとことんさぐっていくと，きわめて小さな原子という粒子にたどりつく。この原子は原子核に陽子と中性子があり，原子核の周りを電子が回っている。元素はこの原子核中の陽子数により決められ，自然界には陽子数 92 個のウラン U までが存在しており，それ以上の元素は加速器などによる人工合成により発見されている。これらの元素は欧米露で発見されているが，2016 年にアジアで初めて理化学研究所により新元素が発見され，ニホニウム $_{113}$Nh として国際純正・応用化学連合（IUPAC）により承認された。その合成方法は，亜鉛（原子番号 = 陽子数 30，^{70}Zn）の原子核をビスマス（同 83，^{209}Bi）の標的に加速器を使って光速の 10% まで加速し衝突させ，融合させて行われた（(1) 式）。

$$^{70}_{30}Zn + ^{209}_{83}Bi \rightarrow ^{279}_{113}Nh^* \rightarrow ^{278}_{113}Nh + ^{1}_{0}n \qquad (1)$$

実際の原子の大きさは 100 億分の 1 メートル（1×10^{-10} m）くらいであり，その質量は元素により異なるが，例えば水素原子（原子番号 = 陽子数 1，中性子数 0）1 つの質量は 1.674×10^{-27} kg と非常に小さい。

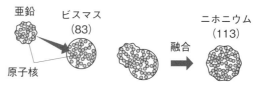

ニホニウムの合成

2 化学で用いる数 —— 単位と測定値

　化学の実験測定では結果が数値として得られることが多い。この章では化学に関わる数値の扱い方を紹介する。「メートル」・「キログラム」など測定で用いるさまざまな「単位」を示した後，測定結果が誤差を含む場合の数値の取り扱いを学ぶ。

2.1 指数による大きな数・小さな数の表現

　自然科学，特に化学では通常我々が日常生活をしていても目にすることのない，非常に大きな数や小さな数を扱う。例えば，18 g の水には約 6 022 00000 00000 00000 00000 個という大量の水分子が含まれている。また，水分子の大きさは約 0.0000000003 m であり，我々の身の回りの物体に比べてとても小さい。このような非常に大きな数や小さな数を表現するとき，水分子の例のようにそのまま表記すると桁が多すぎて面倒であり，間違いも生じやすい。自然科学ではこのような数を表現するために，**指数**による表記を用いて一目で数の大きさが把握できるようにしている。指数表記では上記の水分子の数は 6.022×10^{23} 個，水分子の大きさは 3.0×10^{-10} m などと表現される。10 の右肩にある数字（べき指数）は，水分子の数の場合（1 より大きい場合）は全体の桁数から 1 を引いた値，水分子の大きさの場合（1 より小さい場合）は小数点以下で最初にゼロ以外の数字が表れる桁の数に負符号をつけたものである（図 **2.1**）。

$$10^{n} = \underbrace{10 \times 10 \times \cdots \times 10 \times 10}_{n\text{個}} = \underbrace{10 \cdots 00}_{n+1\text{個}}$$

$$10^{-m} = \frac{1}{10^{m}} = 0.\underbrace{00 \cdots 01}_{m\text{個}}$$

$$\underbrace{12300000000}_{11\text{個}} = 1.23 \times 10^{10}$$

$$0.\underbrace{0000123}_{5\text{個}} = 1.23 \times 10^{-5}$$

図 **2.1** 指数表記の例

7

2.2 単 位

2.2.1 測定と物差し

　自然科学では長さや質量など物体の持つ何らかの量を測定し，得られた値どうしの関係を調べる。また，他の人が別な場所・別の時間に測定した値と比較し，その大小関係を議論する。この際に重要なのは，量をどのような物差しで測定するのかということである。例として富士山の高さを考えてみよう。1 m の長さを持つ棒（物差し）を積み上げて比較すると富士山は 3776 本の棒と同じ高さであることがわかる。つまり富士山の高さは 3776 m である。同じことであるが，「富士山の高さ」＝ 3776 × 1 m とも表現できる。一方で，1 フィート[*] の長さを持つ棒を積み上げて同じ比較を行うと富士山の高さは 12388 フィートとなる。つまり，「富士山の高さ」＝ 12388 × 1 フィート である。どの長さの物差しを用いても実際の富士山の高さ（量）に変化はないが，測定して得られた値は物差しによって異なる（今の場合は 3776 と 12388）。測定に用いた 1 m と 1 フィートの物差しの長さが異なるので，同じ量を測っても違う結果が得られたのである。この例から，測定値どうしを比較して議論するには共通の物差しが必要となることがわかる。富士山の高さの測定に 1 m の物差し，阿蘇山の測定に 1 フィートの物差しを用いると，それぞれ 3776 m，5223 フィートという結果が得られる。測定で得られた数値のみを比較してもどちらが高いのか判断するのは難しい。富士山（3776 m）が阿蘇山（1592 m）よりも高いということは，同じ物差し（今の場合は 1 m）を使って初めてわかるのである。

> [*] フィート（feet）はヤード・ポンド法での長さの単位で，1 フィートは 0.3048 メートルに対応する。

2.2.2 国際単位系（SI）

　長さ以外にも時間，質量，電流や温度など測定できる量は自然界にいくつも存在し，それぞれの量の測定に用いる物差しのことを**単位**とよぶ。地域や時代，分野によって異なる単位が用いられる例は多数見られる。例えば，私たちの日常生活ではメートル法とよばれる単位の組み合わせ（**単位系**とよぶ）が用いられているが，アメリカ合衆国などでは長さ・質量・温度などにヤード・ポンド法とよばれる異なる単位系が日常的に用いられる。自然科学の分野では世界中で共通して使える統一された単位の組み合わせを用いることが望ましく，現在はメートル法を基にした**国際単位系**（略称 SI:フランス語での国際単位系 Système international d'unité に由来する）が採用されている。国際単位系ではまず基本的な 7 つの物理量に対する**基本単位**が定められる（**表 2.1**）。長さ，重さや時間などが基本単位の「何倍」であるかを測定するのである。なお，重さの基本単位は g（グラム）ではなく，その 1000 倍である kg（キログラム）である点に注意が必要である。

2.2.3 SI 組立単位

　表 2.1 には面積や速度などよく知られている量の単位がない。長方形の面積は長辺と短辺の長さを掛け合わせて得られる。つまり，「面積」＝「長さ×長さ」と表現される。一方で，物体がある一定の時間で移動した距離から「速度」＝「距

2.2 単 位

表 2.1 SI 基本量と 7 つの SI 基本単位

量の名前	量の記号	単位の名前	単位の記号
長さ	l, h, r, x など	メートル	m
質量	m	キログラム	kg
時間	t	秒	s
電流	I, i	アンペア	A
熱力学的温度	T	ケルビン	K
物質量	n	モル	mol
光度	I_V	カンデラ	cd

離÷時間」が得られる。これらの例は面積や速度が基本単位の組み合わせで表現できることを示している。基本単位の組み合わせで表現される単位は他にも存在し，それらを**組立単位**（誘導単位）とよぶ（**表 2.2**）。例として質量密度を考えると，その単位は $\mathrm{kg\,m^{-3}}$ または $\mathrm{kg/m^3}$ と表現され，質量の基本単位「kg」と長さの基本単位「m」から組み立てられていることがわかる。

コラム：単位の取り間違いによって起きた事故

(1) 給油量の計算間違いによる飛行機の燃料切れ

1983 年 7 月，カナダ・モントリオールを離陸しエドモントンに向かって飛行中のボーイング 767 が高度 12000 m で燃料切れを起こした。全エンジンが停止したために目的地に到達することは不可能であったが，機体をグライダーのように動力無しで滑空させることで近くにあった飛行場に無事着陸させることができた。

この事故は，燃料を給油する際に質量の単位「キログラム」と「ポンド」を取り違えたことが原因で起きたものである。カナダでは従来ヤード・ポンド法が用いられてきたが，当時はメートル法への移行が進められていた。本来「キログラム」を使うべき燃料量の計算で，係員が使い慣れた「ポンド」を使用してしまったために給油した量が不足してしまったのである。

(2) 火星探査機の軌道投入失敗

NASA（アメリカ航空宇宙局）は 1998 年，火星の気象・気候，大気の成分などを調査するためにマーズ・クライメート・オービターとよばれる火星探査機を打ち上げた。探査機は 1999 年 9 月に火星近くに到達したが，火星周回軌道への進入直後に行方不明となってしまった。

その後の調査によると，探査機のエンジン推進力を計算する際にヤード・ポンド法での力の単位「ポンド重」とメートル法での単位「ニュートン」の取り違えが起きており，探査機の位置を間違えて計算していたことが判明した。その結果，本来の計画より大幅に低い高度の軌道に投入されて火星大気との摩擦で破壊・落下してしまったのである。

表 2.2 SI 組立単位の例

組立量の名前	組立単位の名前	組立単位の記号	他の SI 単位での表現
面積	平方メートル	m^2	
体積	立方メートル	m^3	
速さ・速度	メートル毎秒	$m\,s^{-1}$	
質量密度	キログラム毎立方メートル	$kg\,m^{-3}$	
濃度	モル毎立方メートル	$mol\,m^{-3}$	
周波数	ヘルツ	Hz	s^{-1}
力	ニュートン	N	$m\,kg\,s^{-2}$
圧力	パスカル	Pa	$N\,m^{-2} = m^{-1}\,kg\,s^{-2}$
エネルギー，仕事	ジュール	J	$N\,m = m^2\,kg\,s^{-2}$
仕事率	ワット	W	$J\,s^{-1} = m^2\,kg\,s^{-3}$
電荷	クーロン	C	$s\,A$
電位差（電圧）	ボルト	V	$W\,A^{-1} = m^2\,kg\,s^{-3}\,A^{-1}$
セルシウス温度*	セルシウス度	$℃$	K

* セルシウス温度 θ と熱力学温度 T の関係：$\theta/℃ = T/K - 273.15$

2.2.4 SI 接頭辞による大きな数・小さな数の表記

国際単位系を用いて物質の量を表現すると，しばしば非常に大きな数や小さな数が表れる。例えば水分子のおおよその大きさは 0.3×10^{-9} m である。電子レンジではマイクロ波を用いて食品を加熱するが，その周波数は 2.45×10^9 Hz である。これらの表現をそのまま用いるのは不便であるので，国際単位系では 10^{-9} や 10^9 のような数を n（ナノ）や G（ギガ）のような**接頭辞**で置き換えて利用することが多い。この場合，水分子の大きさは 0.3 nm，電子レンジで用いられるマイクロ波は 2.45 GHz と表現される。これ以外にも 10^3, 10^6, 10^{-3}, 10^{-6} など多くの数値に接頭辞が存在し，よく用いられる。これらの国際単位系で用いられる接頭辞一覧を**表 2.3** にまとめた。多くの場合，接頭辞は文献中で注釈無しに用いられる。したがって，代表的な接頭辞は記憶しておくことが望ましい。

面積・体積など，組立単位が接頭辞を含む場合は注意が必要である。例えば，cm^3 という体積の単位は $(cm)^3 = (10^{-2}\,m)^3 = 10^{-6}\,m^3$ を意味し，$c(m)^3 = 10^{-2}\,m^3$ ではない。

2.2.5 非 SI 単位

ここまで SI 単位について述べてきたが，自然科学分野では SI には無い単位（非 SI 単位）もしばしば用いられる。身近な例では「日」・「時」・「分」など時間を示す単位であり，SI 基本単位である「秒」と共に用いられる。このような非 SI 単位は他にもあり，代表的な例を**表 2.4** に示した。

2.2 単　位　　　　11

表 2.3 SI 接頭辞

乗数	名前	記号	乗数	名前	記号
10^1	デカ	da	10^{-1}	デシ	d
10^2	ヘクト	h	10^{-2}	センチ	c
10^3	キロ	k	10^{-3}	ミリ	m
10^6	メガ	M	10^{-6}	マイクロ	μ
10^9	ギガ	G	10^{-9}	ナノ	n
10^{12}	テラ	T	10^{-12}	ピコ	p
10^{15}	ペタ	P	10^{-15}	フェムト	f
10^{18}	エクサ	E	10^{-18}	アト	a
10^{21}	ゼタ	Z	10^{-21}	ゼプト	z
10^{24}	ヨタ	Y	10^{-24}	ヨクト	y

表 2.4 非 SI 単位の例

量の名前	単位の名前	単位の記号	SI 単位での値
時　間	分	min	60 s
	時	h	3 600 s
	日	d	86 400 s
体　積	リットル	L または l	$1\,dm^3 = 0.001\,m^3$
長　さ	オングストローム	Å	10^{-10} m
圧　力	気圧	atm	101 325 Pa
	バール	bar	100 000 Pa
	トル	mmHg または Torr	133.322 Pa
エネルギー	電子ボルト	eV	1.602×10^{-19} J
	カロリー	cal	4.184 J
質　量	統一原子質量単位（またはダルトン）	u（または Da）	1.66×10^{-27} kg

【例題 2.1】 $10\,m\,s^{-1}$ で動く物体の速度を $km\,h^{-1}$ 単位で表現せよ。

答　$10\,m\,s^{-1} = 10 \times (1\,m) \times \frac{1}{1\,s} = 10 \times \left(\frac{1\,m}{1\,km} \times 1\,km\right) \times \left(\frac{1\,h}{1\,s} \times \frac{1}{1\,h}\right)$

$= 10 \times \left(\frac{1\,m}{1000\,m} \times 1\,km\right) \times \left(\frac{60 \times 60\,s}{1\,s} \times \frac{1}{1\,h}\right)$

$= 10 \times (10^{-3}\,km) \times \frac{3600}{1\,h}$

$= 36\,km\,h^{-1}$

2.2.6 統一原子質量単位と原子量

質量数 12 の炭素原子（^{12}C）の質量は約 1.993×10^{-26} kg であるが，この値は非常に小さい。原子の質量をより簡便に表し，扱いやすくするために統一原子質量単位 u（表 2.4）が導入されている。統一原子質量単位 u は ^{12}C の原子質量の 1/12 として定義され，$1\,u = 1.660\,538\,921 \times 10^{-27}$ kg に相当する。逆に，^{12}C の炭素原子 1 つの質量が 12 u であるとも言える。この統一原子質量単位 u を単位として原子の質量を測った際に得られる値が**原子量**であり，

$$\text{「原子の質量」}=\text{「原子量」}\times u$$

という関係になる。例えば水素の原子量は約 1.0 なので，水素原子 1 つの質量は 1.0 u と表現される。原子量の値は周期表の各元素の項に原子番号と共に記してあることが多い。自然界では各元素が原子質量の異なるいくつかの同位体として存在しているが，周期表の値は同位体の存在比をもとにした平均値（平均原子量）である。

分子や結晶の場合も統一原子質量単位 u を基準にして原子量のように質量を表現することが可能である。分子の場合，分子内部に存在する構成原子の原子量をすべて足し合わせたものを**分子量**とよぶ。水分子 H_2O の場合，水素原子 H の原子量 1.0 と酸素原子 O の原子量 16.0 より，分子量は $1.0 \times 2 + 16.0 = 18.0$ となる。結晶の場合は組成を化学式で表現した際に，その中に含まれる原子の原子量の総和を**式量**とよぶ。塩化ナトリウム NaCl の場合，ナトリウム Na の原子量が 23.0，塩素 Cl の原子量が 35.5 であるので，式量は $23.0 + 35.5 = 58.5$ となる。

【例題 2.2】 メタノール CH_3OH の分子量を計算せよ。この分子 1 つは何 kg か？

答 炭素 C・水素 H・酸素 O の原子量はそれぞれ 12.01, 1.008, 16.00 である。したがって，メタノールの分子量は

$$12.01 \times 1 + 1.008 \times 4 + 16.00 \times 1 = 32.042$$

となる。分子 1 つの質量は

$$32.042\,u = 32.042 \times 1.660\,538\,921 \times 10^{-27}\ \text{kg} \cong 5.321 \times 10^{-26}\ \text{kg}$$

となる。

2.2.7 物質量の単位

表 2.1 の SI 基本単位の 1 つである **mol**（モル）は，原子や分子の数に関する量，**物質量**の単位であり化学と密接に関係している。特定の原子や分子など，ただ 1 つの構成要素から成り立っている物体を考えてみよう。1 kg の鉄の塊であれば構成要素は鉄の原子 Fe であり，1 mL の水の場合は水分子 H_2O が構成要素である。このような物体の性質を示す量として，重さや体積などと並んで，物体内部に存在する構成要素（Fe や H_2O）の数を用いることがある。

原子や分子 1 つ 1 つの質量は小さいので，我々が日常的に扱う物体内部に存在

2.2 単　　位　　　　　　　　　　　　　　　　　　　　　　　　　　　　　　13

する構成要素の数は非常に多い。例えば，常温・常圧の水 1 mL に含まれる水分子 H_2O の数は約 3.35×10^{22} 個である。このような数をより簡便に扱うために，構成要素の数を **アボガドロ数** $= 6.02214129 \times 10^{23}$ を単位として表現したものが mol 単位での物質量である。

　例えば 1 mL の水に含まれる水分子の数 3.35×10^{22} をアボガドロ数で割ると 0.0556 となり，物質量は 0.0556 mol となる。アボガドロ数は単なる数であり，単位・次元を持たない。物質 1 mol に含まれる構成要素の数として **アボガドロ定数** N_A を定義すると，$N_A = 6.02214129 \times 10^{23} \text{ mol}^{-1}$ とアボガドロ数に単位を付けた量となる。単位を含む物理定数としてアボガドロ定数 N_A を導入すると，例えば 2 mol の水に含まれる水分子の数は $2 \text{ mol} \times N_A = 2 \text{ mol} \times 6.02214129 \times 10^{23} \text{ mol}^{-1} \approx 1.2044 \times 10^{24}$ と計算できる。「2 mol」が含む単位 mol とアボガドロ定数 N_A が含む単位 mol^{-1} が打ち消しあって，単位を持たない無次元量「個数」が得られたことに注意されたい。

2.2.8　物質量と原子量・分子量

　アボガドロ定数 N_A の正式な定義は「質量数 12 の炭素（^{12}C）12 g の中に存在する炭素原子の総数」であり，これが 1 mol に対応するというものである。この定義を利用すると物体の質量と物体内部に含まれる構成要素の数とを簡単に関係付けることができる。物体がある 1 種類の原子のみで構成されている場合，

$$\text{「原子 1 つの質量」} \times \text{「物体内部の原子数」} = \text{「物体の質量」}$$

となる。炭素の例では「炭素原子の質量 $= 12$ u」×「原子数 $= 1$ mol × アボガドロ定数 N_A」$= 12$ g となる。すなわち，炭素原子 1 mol 分の質量は炭素原子の原子量に質量の単位「g」を付けたものと等しい。他の元素からなる物体の場合も同様であり，物体を構成する原子の原子量に mol 単位での物質量を掛けたものが g（グラム）単位での質量となる。例えばヘリウム (He) の原子量は約 4.003 であるので，ヘリウム 1 mol（約 6.022×10^{23} 個）分の質量は 4.003 g となる。

　分子の場合も同様で，原子量の代わりに分子量を用いれば g（グラム）単位での質量を知ることができる。例えば水分子の分子量は約 18.0 であるので，水分子 1 mol 分の質量は 18.0 g となる。

【例題 2.3】 20 g のメタン CH_4 は何 mol か？　この中にいくつの分子が含まれているか？

　答　メタン CH_4 の分子量は $12.01 + 1.008 \times 4 = 16.042$ なので，1 mol のメタンは 16.042 g の質量を持つ。したがって，20 g のメタンの物質量は $\frac{20}{16.042} \cong 1.247$ mol になる。また，この中に含まれる分子数は $1.247 \times 6.022 \times 10^{23} = 0.7507 \times 10^{22}$ 個である。

2.3 化学での数値の取り扱い

2.3.1 測定値と有効数字

自然科学では対象とする物体の物理量（質量・長さ・体積など）を測定器で計測し，得られた値を比較して議論を行う。また，いくつかの測定値を組み合わせて別の量に変換してから議論を行うこともよく行われる。測定値どうしを比較・議論するためには，測定で得られた値がどの程度信頼できるかを知ることが重要となる。例えば，鉛筆の長さを最小目盛り 1 mm の物差しで測ることを考えてみよう（図 2.2）。長さを測る際に鉛筆の端が正確に目盛りの上にくることは通常はなく，目盛りと目盛りの間で長さを読み取る必要がある。多くの場合，最小目盛りの1/10 までを目分量で読み取るということが行われる。

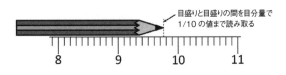

図 2.2 鉛筆の長さの測定

測定の結果，9.76 cm という値が得られたとしよう。この場合上から 2 桁目までの 9.7 という数値は物差しの目盛りがあるので信頼できるが，3 桁目の値は目分量で読み取った値でありそれほど正確な数値とは言い難い。それでも 3 桁目の数値が 6 前後であろうということは判別できている。したがって，実際の鉛筆の長さは 9.76 ± 0.01 cm（9.75 cm～9.77 cm）の範囲にはあるだろうと考えられる。つまり，この鉛筆の測定で得られた値の表記 9.76 cm は実際の鉛筆の長さが 9.76 ± 0.01 cm の範囲に存在し，最後の 3 桁目の値は一応信頼できるがある程度の不確かさを含んでいることを示している。このように，測定して得られた値を信頼できる数値まで書き下したものを**有効数字**とよび，得られた数字の数を**有効数字の桁数**という。鉛筆の長さの例では有効数字が 3 桁である。

この鉛筆の長さをより精度の高い 0.1 mm の目盛りが付いた測定器で計測し，有効数字 4 桁の 9.760 cm という値が得られたとしよう。この測定値 9.760 cm は実際の鉛筆の長さが概ね 9.760 ± 0.001 cm という範囲にあるということを表している。したがって，精度の高い測定で得られた値 9.760 cm の末尾のゼロを省略して 9.76 cm と書くことは間違いとなる。有効数字の考え方では 9.76 cm は ±0.01 cm 程度の不確かさを含み，9.760 cm は ±0.001 cm 程度の不確かさを含む表現なのである。また，有効数字の最後の桁は測定等に由来するある程度の誤差・不確かさを含む表現となっている。

9.76 cm という測定値は 3 桁の有効数字を持つが，これを m 単位で表現すると 0.0976 m となる。表現を変えても測定値の有効な数字の数は変わらない。この場合 0.0976 m の左にある「0.0」は「9」という数が現れる桁合わせに必要な数字，小数点からの位置を示すのに必要な数字であり，有効数字の桁数には含めない。有効数字の桁数は，左から数えて初めてゼロ以外の数字（今の場合は「9」）

が現れた場所からの数字を数えるのである。図**2.3**に有効数字を数える際の例を挙げた。

先程の例とは逆に，9.76 cm を μm（10^{-6} m）単位で表すことを考えてみよう。この場合，9.76 cm $= 9.76 \times (1$ cm$/1$ μm$)$μm $= 9.76 \times (10^{-2}$ m$/10^{-6}$ m$)$μm $= 97600$ μm という表記が可能である。しかし，97600 μm という表示は測定値が ± 1 μm 程度の誤差を含むと解釈でき，有効数字が5桁に見える。これでは元々の cm 単位での有効数字3桁と異なってしまい，正確な表示とは言えない。この場合 97600 μm ではなく，9.76×10^4 μm という指数表記を用いることで有効数字を正確に表すことができる。9.76×10^4 μm の「9.76」の部分は有効数字が3桁であることを示し，残りの「10^4」の部分で小数点からの位置を表すのである。先に例として示した有効数字4桁の 9.760 cm は指数表記を用いた μm 単位の表示では 9.760×10^4 μm となり，この場合も「9.760」末尾のゼロを省略することはできない。一般的な指数表記による表記ルールでは1の位から有効数字と同じ桁数の数を小数で書き，10のべき乗を用いて数の大きさを調整するということになる。

2.3.2 測定値どうしの演算

測定して得られた値を2つ以上組み合わせて利用することは頻繁に行われる。例えば，長方形の板の長辺の長さ（L_1）・短辺の長さ（L_2）をそれぞれ測定し，掛け合わせることで板の面積（$= L_1 \times L_2$）を得ることができる。また，物体が移動した距離（L）と移動に掛かった時間（t）をそれぞれ測定し，平均速度（$= L/t$）を計算することができる。直接測定した値は有効数字の桁数に応じた不確かさ・誤差を含む。この時，それらを組み合わせて得られる量もある程度の不確かさ・誤差を含むことが予想されるが，その大きさはどの程度だろうか？

まず，測定値どうしが足し合わされる場合を考えてみよう。例として，10.12 cm の鉛筆 A と 11.234 cm の鉛筆 B を縦に並べた場合の合計の長さを考える。この場合，鉛筆 A は通常の物差しで長さが測定されているが，鉛筆 B はより小さな目盛りを持つ計測器で高精度に長さが測られているのである。鉛筆 A の長さを不確かさの範囲を含めて書くと 10.12 ± 0.01 cm（10.11 cm〜10.13 cm）であり，鉛筆 B の場合は 11.234 ± 0.001 cm（11.233 cm〜11.235 cm）となる。鉛筆 A・B の長さを足し合わせた量の持つ不確かさ・誤差は，鉛筆 A・B の測定値が示す範囲の上限・下限の和から得られ，21.343 cm〜21.365 cm の幅を持つことがわかる。「鉛筆の長さの和」$= 21.343$ cm〜21.365 cm という表記は，上位3桁の「21.3」は確実に信頼できるが，4桁目は「4」から「6」の間の値という不確かさを含むことを意味している。つまり，「鉛筆の長さの和」$= 21.35 \pm 0.01$ cm となっているが，これは有効数字4桁の 21.35 cm という表記が意味する内容と同じである。したがって誤差・不確かさを含めて考えた場合には 10.12 cm と 11.234 cm の和は 21.35 cm となり，精度の低い 10.12 cm と同じ有効数字桁数を持つ。より一般的に，有効数字の異なる測定値どうしの足し算を行う場合，得られる結果の小数点以下の有効数字の数はより精度の低い測定値の小数点以下の桁数と同じに

9.76 cm
有効数字3桁

9.760 cm
有効数字4桁

0.0976 m
有効数字3桁

97600 μm
有効数字5桁

9.76×10^4 μm
有効数字3桁

図**2.3** 有効数字の例

なる（図 2.4）。実際の計算では，まず通常の手続きで計算を行い，必要な有効数字の最終桁よりも 1 つ下の桁の数値を四捨五入して最終的な値を計算することになる。なお，引き算の場合も足し算と全く同じルールで計算が行われる。

四捨五入

$$10.\underline{12}\ \text{cm} + 11.2\underline{34}\ \text{cm} = 21.35\underline{4}\ \text{cm}$$

小数点以下2桁　　小数点以下3桁　　小数点以下2桁

図 2.4　測定値どうしの足し算

　測定値どうしの掛け算はどうなるだろうか？　例として長辺 6.3 cm，短辺 5.42 cm の長方形の板の面積を考えてみよう。長辺の長さが小数点以下第 1 位の数字，短辺の長さが小数点以下第 2 位に不確かさ・誤差を含むことに注意して図 2.5 のように計算を行うと，掛け算の結果として得られる 34.146 cm^2 の数値は 1 の位以下の数字に不確かさを含むことが分かる。つまり，有効数字 2 桁の 6.3 cm と有効数字 3 桁の 5.42 cm の積を取ると，有効数字 2 桁である 34 cm^2 という結果が得られる。

$$
\begin{array}{r}
5.42 \\
\times\quad 6.3 \\
\hline
1626 \\
3252 \\
\hline
34.146
\end{array}
$$

図 2.5　測定値どうしの掛け算

太字の数字は不確かさを含む

　より一般的に，有効数字の異なる測定値どうしの掛け算を行う場合，得られる結果の有効数字の桁数はより精度の低い有効数字の桁数と同じになる。割り算の場合についても掛け算と全く同様のルールで計算が行われる。

　ここまでは足し算・掛け算 1 回分のみでの有効数字の扱い方を解説してきた。しかし，測定値どうしの加減乗除を何度か繰り返して最終的に求める結果を計算する場合も多い。電卓などで一度に全ての計算を行う場合，最後に出てきた数値に対して有効数字が何桁まで使えるのか考慮して最終的な有効数字の値を書き下せばよい。一方で，各段階での計算を別々に行う場合も考えられる。この場合，各段階での結果に対して本来必要な有効数値より 1 桁分余分な精度での数値を計算・記録し，次の段階での計算に使用すればよい。このように扱うことで，不必要な桁数での計算を省きながら計算過程で有効数字の精度が落ちることを防ぐことができる。

2.3 化学での数値の取り扱い 17

【例題 2.4】 有効数字の桁数を考慮して以下の計算を行え。

(1) 5.31 mm + 1.152 mm

(2) 10.3 cm × 1.515 cm

答 (1) 足し算なので少数点以下の桁数を考慮する。5.31 cm が 2 桁，1.152 cm が 3 桁となり，結果の少数点以下の桁数は 2 桁となる。5.31 + 1.152 = 6.462 なので，小数点以下 3 桁目を四捨五入して 6.46 cm が答えとなる。

(2) 有効数字 3 桁と 4 桁の数字の掛け算なので，答えの有効数字は 3 桁となる。10.3 cm × 1.515 cm = 15.6045 cm^2 となるので，先頭から 4 桁目を四捨五入した 15.6 cm^2 が答えとなる。

2.3.3 指数表示での掛け算・割り算

単位の換算などでは，しばしば指数で表された数どうしの掛け算・割り算が必要となる。指数を含む数の演算では以下の公式が成り立つ。

$$a^x \times a^y = a^{x+y}$$

$$a^x \div a^y = \frac{a^x}{a^y} = a^{x-y}$$

ここで a, x, y はどのような数 $(a \neq 0)$ でもよい。掛け算では指数どうしの和，割り算では指数の差が表れることに注意されたい。また，上の式を用いると任意の数 a, x に対して

$$a^0 = 1$$

$$a^{-x} = \frac{1}{a^x}$$

が成り立つことも導かれる。

一般的な指数表示の数どうしの計算は以下の例のように行われる。

$$(2.0 \times 10^3) \times (3.0 \times 10^5) = (2.0 \times 3.0) \times (10^3 \times 10^5)$$

$$= 6.0 \times 10^{(3+5)} = 6.0 \times 10^8$$

掛け算の順序を交換して，指数の前にある部分どうし・指数部分どうしを別々に計算してから掛け合わせると計算間違いを防ぎやすい。

2.3.4 対 数

溶液の酸性・アルカリ性の度合いは，溶液中の水素イオン濃度 [H$^+$] によって表現される。純水では [H$^+$] = 10^{-7} mol L^{-1} であり，1 L の純水中に 10^{-7} mol の水素イオン H$^+$ が存在している。溶液の水素イオン濃度が純水の値 10^{-7} mol L^{-1} よりも大きい場合が酸性，小さい場合がアルカリ性に対応する。我々の身の回りの物質では塩素系漂白剤の水素イオン濃度が 10^{-11} mol L^{-1} 程度，海水が 10^{-8} mol L^{-1} とアルカリ性であり，コーヒーは 10^{-5} mol L^{-1}，レモン果汁が

10^{-2} mol L^{-1} と酸性である。これらの水素イオン濃度は 10^{-11}〜10^{-2} mol L^{-1} と非常に広い範囲の値を取っているため，より扱いやすい指標として対数を利用した pH が導入されている。

$$\mathrm{pH} = -\log_{10}([\mathrm{H}^+]/(\mathrm{mol\ L}^{-1}))$$

ここで，$[\mathrm{H}^+]/(\mathrm{mol\ L}^{-1})$ は水素イオン濃度を mol L^{-1} 単位で表したときの値である。したがって，$[\mathrm{H}^+] = 10^{-7}$ mol L^{-1} であれば $[\mathrm{H}^+]/(\mathrm{mol\ L}^{-1}) = 10^{-7}$ となる。また，$\log_{10}$ は常用対数であり任意の実数 x に対して $\log_{10}(10^x) = x$ となる性質を持つ。つまり，数値を 10 のべき乗で表現したときの 10 の肩の上にある数字が常用対数の値となっている。pH を用いた場合，例に挙げた塩素系漂白剤は pH = 11，海水が pH = 8，コーヒーは pH = 5，レモン果汁は pH = 2 となる。逆に，pH が与えられた時の水素イオン濃度は以下の式で与えられる。

$$[\mathrm{H}^+] = 10^{-\mathrm{pH}}\ \mathrm{mol\ L}^{-1}$$

常用対数は $10^x = y$ と表現される実数 y に対して $\log_{10}(y) = x$ という数値を与える。これは「10 を底とする対数」ともよばれる。より一般的に「a を底とする対数」は $a^x = y$ と表現される実数 y に対して $\log_a(y) = x$ という数値を与える。

自然科学では常用対数に用いられる 10 以外に，ネイピア数（オイラー数）e = 2.71828⋯ を底とする自然対数もよく用いられる。自然対数 $\log_e$ と常用対数 $\log_{10}$ を区別するために，しばしば自然対数は ln，常用対数は log と表記される。

対数の演算では以下の公式が成り立つ。

$$\log_a(M \times N) = \log_a(M) + \log_a(N)$$

$$\log_a(M \div N) = \log_a\left(\frac{M}{N}\right) = \log_a(M) - \log_a(N)$$

$$\log_a(M^r) = r\log_a(M)$$

$$\log_a(a) = 1$$

$$\log_a(1) = 0$$

これらの式は対数の定義 $\log_a(a^x) = x$ および指数を含む数の公式を用いれば導くことができる。対数を用いると数値どうしの掛け算を足し算に置き換えることができ，有効数字の多い数値どうしの煩雑な計算を簡便に行うことができる。

2章　章末問題

2.1 100000 および 0.00001 をそれぞれ指数表記で表わせ。

2.2 以下の量を括弧内の単位に書き換えよ。

 (1) 2.0 kL　　　　（cm^3）

 (2) 2.34 g cm^{-3}　（kg m^{-3}）

 (3) 100 km h^{-1}　（m s^{-1}）

2.3 水 1.00 L は何 mol か？　また，この中にいくつの分子が含まれているか？

2.4 一円硬貨は純粋なアルミニウムでできており，重さは 1.0 g である。一円硬貨に含ま

2章　章末問題

れるアルミニウム原子の数を答えよ。

2.5　金 (Au) 原子 1 つの質量を原子量とアボガドロ定数を用いて計算せよ。

2.6　アンモニア NH_3 1.0 mol に含まれる水素原子の総数を答えよ。

2.7　ある物質の重さを測ったところ，0.0123 kg という値が得られた。この測定値の有効数字は何桁か？

2.8　地球と太陽との平均距離は 149 597 870 700 m である。これを有効数字 4 桁の指数表記を用い，km 単位で表記せよ。

2.9　有効数字に注意して次の計算を行え。
- (1)　13.546 cm ＋ 42.6 cm ＋ 0.0276 cm
- (2)　0.7845 cm × 1.25 cm
- (3)　1.000 kg/1.12 g cm^{-3}

2.10　以下の計算を行え。電卓は用いないこと。
- (1)　$(6.6 \times 10^{-34}) \times (3.0 \times 10^8) \div (5.0 \times 10^{-7})$
- (2)　$\log_{10}(10^{512})$

3 原子の構造と性質

　化学は物質の性質・構造・反応を研究する学問である。物質は原子によってできている。物質の性質・構造・反応は原子中の電子の挙動が深く関係している。化学は電子に関する学問といってもいいくらいである。ただ，電子は我々の常識とはかけ離れた性質をもっている。電子の全エネルギーはとびとびの値を取る（量子化されている）。また，粒子性と波動性を両方兼ね備えている。このような電子の特異な性質により，我々の宇宙には多種多様で複雑な物質が無数に存在している。電子の挙動はシュレーディンガー方程式により，ほぼ正確に記述される。この方程式を解くことにより，原子の性質を正しく説明することができる。水素原子のシュレーディンガー方程式の解を原子軌道とよび，電子はこの原子軌道に入り，その入り方は原子の性質について重要な情報をもつ。

3.1 電子の発見

　真空放電の実験の際に，非常に低い圧力下で高い電圧をかけて陽イオンが陰極にぶつかるようにすると，陰極から陰極線が出る。通常，陰極線は陰極から飛び出した後，陽極に向かって直進するが，電場や磁場をかけるとその方向が曲がる。このことから，陰極線はマイナス（負）の電気を帯び，非常に小さな質量しか持たない粒子（**電子**）の流れであることがわかった。また，陰極線の性質は陰極の金属，あるいは放電管の中の気体の種類によらないことから，電子はどの物質にも含まれている共通の構成要素であることが示された。その後，イギリスのトムソン（Thomson, J. J., 1856-1940）やアメリカのミリカン（Millikan, R. A., 1868-1953）により，電子1個の電荷は -1.602×10^{-19} C であり，質量は 9.109×10^{-31} kg であることが判明した。

3.2 原子モデル

　原子は電子という負の電荷を帯びた粒子を持つことがわかったが，原子は中性（電荷 0）であることから，電子の負電荷を打ち消す正の電荷を持つ何かが存在すると考えられた。これをふまえて，トムソンのブドウパンモデルと長岡半太郎の土星型原子モデルという2つの原子モデルが提案された（**図 3.1**）。トムソンのブドウパンモデルでは，電子が原子のなかに点在していて，原子全体に正電荷が一様に分布している。長岡の土星型原子モデルでは中心に正電荷を持つ核が存在

3.3 水素原子の線スペクトル

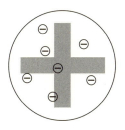 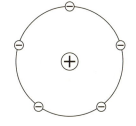

トムソンのブドウパンモデル　　　長岡の土星型原子モデル

図 3.1　2つの原子モデル

し，電子が核の回りを公転運動している。果たしてどちらのモデルが正しいのだろうか。

　ラザフォード（Rutherford, E., 1871 - 1937）は薄い金属箔（原子 10^4 個の厚さ）に α 粒子（のちにヘリウムの原子核とわかった）の平行な流れを当てて，散乱する粒子の角度を決めようとした。大部分の粒子は進路を曲げることなく金属箔を通り抜けた。しかし不思議なことに，α 粒子の一部が跳ね返され，しかも一部は鋭く跳ね返された（**図 3.2**）。彼は，ヘリウムの原子核に相当する重い α 粒子を跳ね返すだけの質量と，ごく小さい体積を持つ粒子が原子の中心に存在すると考えた。ラザフォードの実験結果は長岡モデルがより真実に近いことを示唆している。

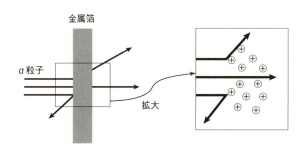

図 3.2　ラザフォードの α 粒子散乱実験

3.3　水素原子の線スペクトル

　気体の水素を高真空にしたガラス管に封じ込め，高い電圧をかけると放電して光を放つ。これをプリズムで分光すると，この光が**図 3.3** のように特定の波長をもつ光の集まり（線スペクトル）であることが分かった。放電によって高いエネルギーを持った水素原子が生成し，その原子から光が放出される。光（電磁波）の波長領域に応じて**図 3.3** のようなスペクトル群が観測され，波長の長い領域から順に，発見者の名前を取ってライマン系列，バルマー系列，パッシェン系列，ブラケット系列，プント系列とよばれている。

　スウェーデンのリュードベリ（Rydberg, J., 1854 - 1919）は実験で得られた一連の線スペクトルが，2つの整数を含む次式に従うことを見出した。

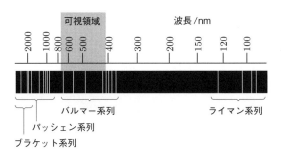

図 3.3 水素原子のスペクトル（数値の単位は nm）

$$\frac{1}{\lambda} = R\left(\frac{1}{n_2{}^2} - \frac{1}{n_1{}^2}\right) \qquad (n_1, n_2 \text{ は整数で, } n_1 > n_2) \tag{3.1}$$

ただし，λ は波長，R はリュードベリ定数で，$R = 1.0974 \times 10^7 \text{ m}^{-1}$ である。

リュードベリの式は実験結果をかなりよい精度で再現できるが，実験値を再現するように導かれた実験式（経験式）である。ボーア (Bohr, N. H. D., 1885-1962) は，長岡の原子モデル，ラザフォードの実験結果を基にしてこの式を理論的に導いた。

3.4 ボーアの原子モデル

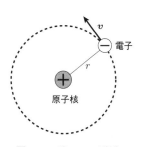

図 3.4 ボーアの原子モデル

ボーアは原子内では電子が原子核の回りを円運動しているというモデル（図3.4）を考え，以下のような仮定をおくことによって水素原子スペクトルが説明できることを示した（リュードベリの式を導いた）。

① 電子が安定に円運動をするためには，電子に働く遠心力と電子-原子核間のクーロン引力がつり合う必要がある。

② 電子の円軌道の半径 r は，電子の角運動量（電子の質量を m_e (kg)，速度を v (m s^{-1}) とすると，$m_e v r$）が，$h/2\pi$ の整数倍であるような値のみが許される。

$$m_e v r = \left(\frac{h}{2\pi}\right) \times n \qquad n = 1, 2, 3, \ldots \tag{3.2}$$

n は正の整数，h はプランク定数 (J s)

③ 電子が軌道間を移動するとき，余分のエネルギーを1個の光子として放出または吸収する。

①，②から円軌道の半径 r_n (m) が求められ，

$$r_n = \left(\frac{\varepsilon_0 h^2}{\pi m_e e^2}\right) \times n^2 \tag{3.3}$$

ε_0 (C^2 N^{-1} m^{-2}) は真空の誘電率，e (C) は電子の電荷，π は円周率である。一方，電子のエネルギーは E_n (J) 原子核と電子の距離が無限大の時をゼロとすると，

$$E_n = -\left(\frac{m_e e^4}{8\varepsilon_0{}^2 h^2}\right) \times \frac{1}{n^2} \tag{3.4}$$

3.4 ボーアの原子モデル

となる。引力が働いているときエネルギーは負である。

式 (3.3), (3.4) のカッコ内は定数なので、軌道の半径、電子のエネルギーは整数 n で決まる飛び飛びの値しか取れないことになる。このように物理量がある値の整数倍しか取れないとき、その量は「量子化されている」といい、その整数を量子数という。ここでは n が量子数である。$n = 1$ の時の半径をボーア半径 (a_0) といい、値は 5.29×10^{-11} m である。

エネルギーの大きい量子数 n_1 の軌道からエネルギーの小さい量子数 n_2 の軌道に電子が移るとき放出される光の波長を λ (m) とするとき、③に基づき式 (3.4) から、c_0 は光の速度として

$$\frac{1}{\lambda} = \frac{m_e e^4}{8 c_0 \varepsilon_0^2 h^3} \times \left(\frac{1}{n_2^2} - \frac{1}{n_1^2} \right) \tag{3.5}$$

となり、式 (3.1) に一致する。$\frac{m_e e^4}{8 c_0 \varepsilon_0^2 h^3}$ を計算すると 1.0974×10^7 m^{-1} となりリュードベリ定数に一致する。①〜③の仮定をおくことによって、ボーアはリュードベリの式を理論的に導出することに成功したのである。

量子数 n_1 と n_2 がそれぞれ特定の値のとき、発見されている系列の線スペクトルの波長となり、図 3.5 のような関係にあることがわかる。

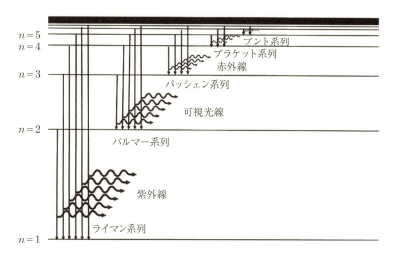

図 3.5 エネルギー順位とスペクトル系列

【例題 3.1】 ライマン系列の $n_1 = 2$ に相当する線スペクトルの波長を求めなさい。

【答】 ライマン系列は式 (3.5) において、$n_2 = 1$ のときである。

$$\frac{1}{\lambda} = R \left(\frac{1}{1^2} - \frac{1}{2^2} \right) = 8.25 \times 10^6 \text{ m}^{-1}$$

よって、波長 λ は

$$\lambda = \frac{1}{8.25 \times 10^6} = 1.21 \times 10^{-7} \text{ m} = 121 \text{ nm}$$

ボーアの理論は水素原子のスペクトルについては説明できたが，ボーア自身，なぜ角運動量 $m_e v r$ が $h/2\pi$ の整数倍の軌道だけが許されるのか説明できなかった。また，電子が 1 個だけのイオン（式 (3.5) の右辺に原子番号の 2 乗を掛けた式）の線スペクトルはうまく説明できたが，多電子原子の線スペクトルを説明できなかった。

3.5 ド・ブロイの物質波

3.1 節ですでに述べたように，陰極線を用いたトムソンの研究によって，電子は粒子であることがわかっていた。

ところが，フランスのド・ブロイ（de Broglie, L.-V. P. R., 1892–1987）は電子は粒子であるだけではなく，波としても存在していると考えた。さらに，電子だけでなく，光を含むすべての物質が粒子性と波動性を併せ持つのではないかと考察し，次のような式を提案した。

$$mv \times \lambda = h \tag{3.6}$$

m は質量，v は速度，λ は波長，h はプランク定数である。この式は粒子性を表す運動量 mv と波動性を表す λ の積が定数になると主張している。粒子性（mv）が大きくなると波動性（λ）が小さくなり，粒子性が小さくなると波動性が大きくなるのである。我々の生活するマクロな世界では運動量が大きいので粒子性が極めて大きく，波動性を感じることはほぼないといっていい。しかし，電子は質量が極めて小さいことから運動量が小さくなり，それにともない波動性が大きくなるので，電子の挙動を考えるとき，波動性を無視することができない。

ド・ブロイの提案後，電子線が回折現象を起こすことが実験によって示され，電子が波としての性質を持つことが証明された。式 (3.2) と式 (3.6) から，

$$2\pi r = n\lambda \tag{3.7}$$

となり，ボーアの理論の仮定②は，波としての電子が半径 r の円の円周上に定常的に存在できるということ（定常波）を意味している（図 3.6）。

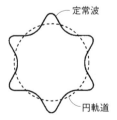 

(a) 定常波になっている軌道　　(b) 定常波になっていない軌道

図 3.6 円軌道上の電子の波

3.6 ハイゼンベルグの不確定性原理

ハイゼンベルグ（Heisenberg, W. K., 1901-1976）は電子のようなミクロな粒子については，その位置と運動量を同時に正確に決定することはできないと考えた。観測のためには光を当てなければいけないが，その衝突によってそれまでの位置や運動量が変わってしまうからである。位置の不確かさ Δx と運動量の不確かさ Δp の関係は

$$\Delta x \Delta p \geq \frac{h}{4\pi} \qquad (3.8)$$

となる。ただし，h はプランク定数である。これを**ハイゼンベルグの不確定性原理**という。Δx を小さくしようとすると Δp が大きくなり，Δp を小さくしようとすると Δx が大きくなってしまう。要するに位置と運動量は同時に正確に決められないということである。

ボーアの理論では位置（半径 r_n）や運動量（エネルギー E_n）が同時に決定してしまうので，この不確定性原理を満たしていないことになる。

3.7 原 子 軌 道

1925 年にシュレーディンガー（Schrödinger, E. 1887-1961）は，粒子性と波動性を有する電子の原子中での挙動を記述する方程式（シュレーディンガーの波動方程式）を提案した。この方程式の解（一般的には波動関数とよばれるが，原子中の電子について考える時には原子軌道，または単に軌道*) とよぶ）が電子の状態を表している。

原子中の電子はボーア原子モデルのように一定の円軌道上を動いているわけではなく，電子が空間上のある点に存在する確率（電子密度）を原子軌道関数の2乗として知ることができるのである。原子核からある距離離れた位置の電子の存在確率を求め，それを色の濃淡や点の疎密で表す（電子雲とよばれる）ことができ，これによって原子軌道の空間的な形を見ることができる（**図3.7(1)**）。

原子軌道は 3 種の整数（量子数）で規定される。これらは n は主量子数，l は方位量子数，m は磁気量子数とよばれる。n を指定すると l, m の取りうる値は決まる。

(1) 主量子数　$n = 1, 2, 3, \cdots$

ボーアの量子数 n に対応するものである。l とともに軌道エネルギーを決めている。n が大きいほど軌道の空間的広がりが大きくなる。$n = 1$ の軌道を K 殻，$n = 2$ を L 殻，$n = 3$ を M 殻とよぶ。

(2) 方位量子数　$l = 0, 1, 2, \cdots, n - 1$

方位量子数 l は軌道の形を決めており，**表3.1** のようにその値に応じて記号が決まっている。$l = 0$ の軌道は s 軌道，$l = 1$ の軌道は p 軌道，$l = 2$ の軌道は d 軌道とよぶ。水素原子では軌道エネルギーは n のみで決まるが，電子を 2 個以上もつ原子の場合には n と l で決まる。

*) ここで注意したいのが，原子軌道の"軌道"の英訳は orbit ではないことである。orbit は惑星運動の軌道などを表すが，電子の位置情報である原子軌道はそれとは似て非なるもの，つまり orbital なのである。orbit も orbital も等しく"軌道"と訳さなければいけないのは，日本語を使う我々にとって，不幸なことである。混同しないように Atomic Orbital を"原子オービタル"と訳す人もいるが，残念ながらあまり普及していない。

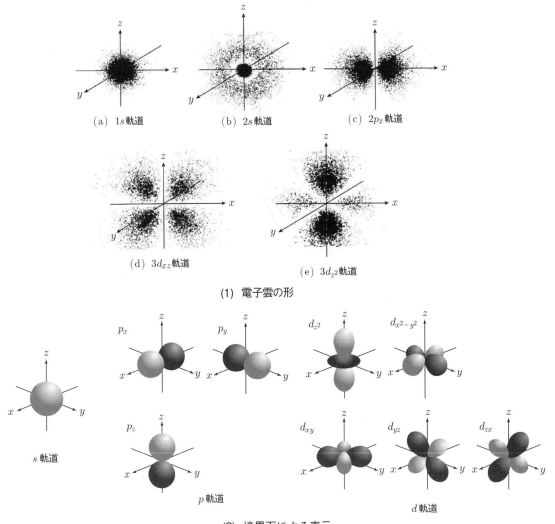

図 3.7 原子軌道の形

表 3.1 方位量子数の記号

方位量子数	0	1	2	3
記号	s	p	d	f

記号はそれぞれ，s = sharp, p = principal, d = diffuse, f = fundamental を表していた．現在ではその本来の意味はない．

表 3.1 の記号は，もともとはアルカリ金属の原子スペクトル系列に由来する．

(3) 磁気量子数 $m = -l, \; -l+1, \; \cdots, \; 0, \; \cdots, \; l-1, \; l$

磁気量子数 m は軌道の向く方向を決めている．$l = 2$ 以上の場合，m は複数の値をとりうる．すなわち l の同じ軌道関数が複数存在することになる．軌道エ

3.8 原子軌道の形

ネルギーは n と l で決まることから，これらの軌道は同じエネルギーをもつことになる（縮退しているという）。これらは**表3.2**に示すように軌道の記号で区別する。

表3.2 殻と量子数と軌道の関係

殻	量子数			軌道の記号
	n	l	m	
K	1	0	0	$1s$
L	2	0	0	$2s$
	2	1	1	$2p$
	2	1	0	
	2	1	−1	
M	3	0	0	$3s$
	3	1	1	$3p$
	3	1	0	
	3	1	−1	
	3	2	2	$3d$
	3	2	1	
	3	2	0	
	3	2	−1	
	3	2	−2	

p 軌道は3つ，d 軌道は5つあるが，これらを区別する場合には，それぞれ $2p_x, 2p_y, 2p_z ; 3d_{xy}, 3d_{xz}, 3d_{yz}, 3d_{x^2-y^2}, 3d_{x^2}$ という記号を用いる。ただし，これらは必ずしも m の値に対応したものではない。

3.8 原子軌道の形

図3.7(2)には電子が存在する確率の合計が0.9（空間全体で確率は1）となるような境界面で原子軌道の概形を示した。原子軌道の形，原子軌道の向き，位相（符号）の違いに注意しよう。s 軌道は球形である。位相は一様に正か負である。p 軌道は鉄アレイのような形をしている。p_x, p_y, p_z 軌道でそれぞれ向きが違う。0になるところ（節という）をはさんで位相が反対になっている。d 軌道のうち4つは四つ葉のクローバーのような形をしている。

次に，図3.8に原子軌道のエネルギー準位を示す。主量子数 n が同じ原子軌道では s, p, d の順にエネルギー準位が高くなるが，ここに異なる主量子数 n を持つ原子軌道が入り込んでくることもある。例えば，$3s, 3p$ の次は $3d$ ではなく $4s$ になっている。

さて，これらの原子軌道に原子中の電子はどのように配置されるのだろうか。

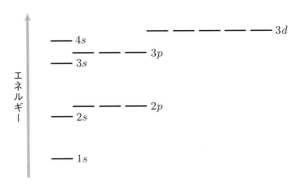

図 3.8 原子軌道の準位

3.9 スピン量子数と原子の電子配置

原子の電子配置を考えるとき，上述の3つの量子数に，さらにもう1つの量子数を導入しなければならない。

電子には2つのスピン（自転）状態があることが実験から明らかにされ，その状態を**スピン量子数** s で指定する。スピン量子数 s は $+1/2$ と $-1/2$ しか取らない。このことを考慮して電子を矢印を用いて，それぞれ↑（上向きスピン），↓（下向きスピン）と表す。

さて，原子の電子配置を考える際，次の3つのルール（**構成原理**という）を守らなければならない。

(1) エネルギー準位の低い原子軌道から電子が入る

基本的に原子のエネルギーは電子の入っている軌道のエネルギーの和と考えてよいので，このように電子が軌道に入ったとき原子のエネルギーはもっとも低いことになる。この状態を基底状態という。

(2) パウリ（Pauli, W. E., 1900-1958）の排他原理

同一原子内の2つの電子は主量子数 n，方位量子数 l，磁気量子数 m，スピン量子数 s の4つの量子数が同じ状態をとることはできない。つまり，1つの原子軌道には最大2個の電子が入る。1個目の電子は上向きスピン，次の電子は下向きスピンで入る。

(3) フント（Hund F. H., 1896-1997）の規則

複数の電子がエネルギーの等しい複数の原子軌道に入るとき，基底状態では異なる原子軌道にスピンを平行にして入る。

まず，エネルギーが低いほうが安定なので，ルール (1) はすんなり納得できるだろう。このルールにより水素原子（$1s^1$）は原子軌道を横線で書いて**図 3.9** のようになる。次のヘリウム原子（$1s^2$）は電子を2個もつのだが，2個目はどのように配置されるのだろうか。ルール (2) のパウリの排他原理によってそれは決まる。

3.10 原子の性質の周期性

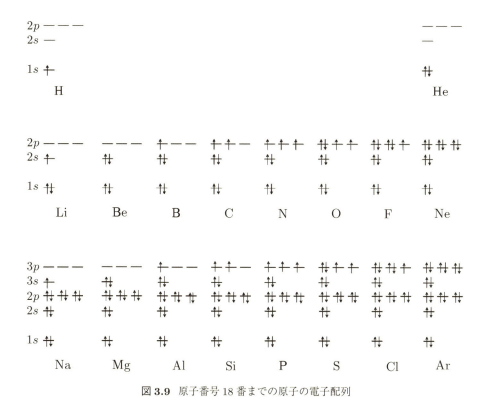

図 3.9 原子番号 18 番までの原子の電子配列

パウリの排他原理により，ヘリウム原子の電子配置は決まる。同じようにして，リチウム原子 ($1s^2 2s^1$)，ベリリウム原子 ($1s^2 2s^2$)，ホウ素原子 ($1s^2 2s^2 2p^1$) の電子配置が決まる。

さて，次は原子番号 6 番の炭素原子の電子配置であるが，6 個目の電子はどのように配置されるのだろうか。どうなるかはルール (3) の**フントの規則**によって決定される。**図 3.9** に示すように 2 つの $2p$ 軌道に 1 つずつスピンを平衡にして入ることになる。

以上の 3 つのルールにより，原子番号 18 番の Ar までの電子配置は図 3.9 のようになる。これ以降の原子も基本的に同様のやり方によって，電子配置を決めることができる。**表 3.3** に原子の電子配置示す。d 軌道や f 軌道に電子が入る場合にはルール通りの配置が必ずしもエネルギー最小とはならない。

3.10 原子の性質の周期性

主量子数がもっとも大きい原子価殻（最外殻）の軌道に入っている電子を価電子，それ以外の電子を内殻電子という。一般に，価電子が原子の化学的性質を決定する。図 **3.10** には周期表と原子番号の増加に伴って電子が入っていく電子軌道の関係を示した。**表 3.3** と見比べればわかるように，1 族，2 族は s 軌道が最外殻の電子軌道に，13 族〜18 族は最外殻の電子軌道が p 軌道である。同一周期で見れば原子番号が増加するにつれ s 軌道から順に電子が入っていくことになる

表 3.3 原子の電子配置

Z	元素	電子配置	Z	元素	電子配置	Z	元素	電子配置
1	H	$1s^1$	36	Kr	$[Ar]3d^{10}4s^24p^6$	71	Lu	$[Xe]4f^{14}5d^16s^2$
2	He	$1s^2$	37	Rb	$[Kr]5s^1$	72	Hf	$[Xe]4f^{14}5d^26s^2$
3	Li	$[He]2s^1$	38	Sr	$[Kr]5s^2$	73	Ta	$[Xe]4f^{14}5d^36s^2$
4	Be	$[He]2s^2$	39	Y	$[Kr]4d^15s^2$	74	W	$[Xe]4f^{14}5d^46s^2$
5	B	$[He]2s^22p^1$	40	Zr	$[Kr]4d^25s^2$	75	Re	$[Xe]4f^{14}5d^56s^2$
6	C	$[He]2s^22p^2$	41	Nb	$[Kr]4d^45s^1$	76	Os	$[Xe]4f^{14}5d^66s^2$
7	N	$[He]2s^22p^3$	42	Mo	$[Kr]4d^55s^1$	77	Ir	$[Xe]4f^{14}5d^76s^2$
8	O	$[He]2s^22p^4$	43	Tc	$[Kr]4d^55s^2$	78	Pt	$[Xe]4f^{14}5d^96s^1$
9	F	$[He]2s^22p^5$	44	Ru	$[Kr]4d^75s^1$	79	Au	$[Xe]4f^{14}5d^{10}6s^1$
10	Ne	$[He]2s^22p^6$	45	Rh	$[Kr]4d^85s^1$	80	Hg	$[Xe]4f^{14}5d^{10}6s^2$
11	Na	$[Ne]3s^1$	46	Pd	$[Kr]4d^{10}$	81	Tl	$[Xe]4f^{14}5d^{10}6s^26p^1$
12	Mg	$[Ne]3s^2$	47	Ag	$[Kr]4d^{10}5s^1$	82	Pb	$[Xe]4f^{14}5d^{10}6s^26p^2$
13	Al	$[Ne]3s^23p^1$	48	Cd	$[Kr]4d^{10}5s^2$	83	Bi	$[Xe]4f^{14}5d^{10}6s^26p^3$
14	Si	$[Ne]3s^23p^2$	49	In	$[Kr]4d^{10}5s^25p^1$	84	Po	$[Xe]4f^{14}5d^{10}6s^26p^4$
15	P	$[Ne]3s^23p^3$	50	Sn	$[Kr]4d^{10}5s^25p^2$	85	At	$[Xe]4f^{14}5d^{10}6s^26p^5$
16	S	$[Ne]3s^23p^4$	51	Sb	$[Kr]4d^{10}5s^25p^3$	86	Rn	$[Xe]4f^{14}5d^{10}6s^26p^6$
17	Cl	$[Ne]3s^23p^5$	52	Te	$[Kr]4d^{10}5s^25p^4$	87	Fr	$[Rn]7s^1$
18	Ar	$[Ne]3s^23p^6$	53	I	$[Kr]4d^{10}5s^25p^5$	88	Ra	$[Rn]7s^2$
19	K	$[Ar]4s^1$	54	Xe	$[Kr]4d^{10}5s^25p^6$	89	Ac	$[Rn]6d^17s^2$
20	Ca	$[Ar]4s^2$	55	Cs	$[Xe]6s^1$	90	Th	$[Rn]6d^27s^2$
21	Sc	$[Ar]3d^14s^2$	56	Ba	$[Xe]6s^2$	91	Pa	$[Rn]5f^26d^17s^2$
22	Ti	$[Ar]3d^24s^2$	57	La	$[Xe]5d^16s^2$	92	U	$[Rn]5f^36d^17s^2$
23	V	$[Ar]3d^34s^2$	58	Ce	$[Xe]4f^26s^2$	93	Np	$[Rn]5f^46d^17s^2$
24	Cr	$[Ar]3d^54s^1$	59	Pr	$[Xe]4f^36s^2$	94	Pu	$[Rn]5f^67s^2$
25	Mn	$[Ar]3d^54s^2$	60	Nd	$[Xe]4f^46s^2$	95	Am	$[Rn]5f^77s^2$
26	Fe	$[Ar]3d^64s^2$	61	Pm	$[Xe]4f^56s^2$	96	Cm	$[Rn]5f^76d^17s^2$
27	Co	$[Ar]3d^74s^2$	62	Sm	$[Xe]4f^66s^2$	97	Bk	$[Rn]5f^86d^17s^2$
28	Ni	$[Ar]3d^84s^2$	63	Eu	$[Xe]4f^76s^2$	98	Cf	$[Rn]5f^{10}7s^2$
29	Cu	$[Ar]3d^{10}4s^1$	64	Gd	$[Xe]4f^75d^16s^2$	99	Es	$[Rn]5f^{11}7s^2$
30	Zn	$[Ar]3d^{10}4s^2$	65	Tb	$[Xe]4f^96s^2$	100	Fm	$[Rn]5f^{12}7s^2$
31	Ga	$[Ar]3d^{10}4s^24p^1$	66	Dy	$[Xe]4f^{10}6s^2$	101	Md	$[Rn]5f^{13}7s^2$
32	Ge	$[Ar]3d^{10}4s^24p^2$	67	Ho	$[Xe]4f^{11}6s^2$	102	No	$[Rn]5f^{14}7s^2$
33	As	$[Ar]3d^{10}4s^24p^3$	68	Er	$[Xe]4f^{12}6s^2$	103	Lr	$[Rn]5f^{14}6d^17s^2$
34	Se	$[Ar]3d^{10}4s^24p^4$	69	Tm	$[Xe]4f^{13}6s^2$			
35	Br	$[Ar]3d^{10}4s^24p^5$	70	Yb	$[Xe]4f^{14}6s^2$			

[X (原子記号)] は,原子 X の電子位置を表す。

（典型元素）。一方，3 族〜11 族（遷移元素）では原子番号が増えても最も主量子数の大きい s 軌道の電子配置はほとんど変化せず，電子は主量子数の一つ小さい d 軌道ないし f 軌道に入る。このような原子の電子配置が原子の性質を左右することになる。

3.10 原子の性質の周期性

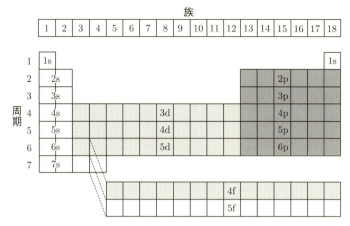

図 3.10 周期表と原子番号の増加に伴って電子が入っていく電子軌道の関係
（田中潔・荒井貞夫「フレンドリー物理化学」三共出版　2004 年より）

3.10.1 イオン化エネルギー

気体状態の中性原子から電子を 1 個取り去るのに必要なエネルギーを，第一イオン化エネルギー（I_1）という。さらに電子をもう 1 個取り去るのに必要なエネルギーを第二イオン化エネルギー（I_2）などという。原子核の正電荷の影響がもっとも少ない最外殻にある電子から順次取り去られていくことになる。図 3.11 に I_1 と原子番号の関係を示す。I_1 が小さい原子ほど陽イオンになりやすい。同一周期の原子では，逆転しているところもあるが原子番号の増加とともに I_1 も大きくなる。これは，原子番号が大きくなるとともに原子核の電荷が大きくなり，電子を引きつける力が大きくなるためだと考えられる。18 族元素が最大値となっているが，これはその電子配置（閉殻構造）が安定であることを示しており，18 族元素が反応性に乏しいということに対応していると考えられる。同族の原子で原子番号が大きいほど I_1 は小さくなる。主量子数が大きい軌道にある電子ほど原子核からの平均的距離が長くなる結果，原子核との間のクーロン引力が小さくなるためと考えられる。第四周期以降の 3 族から 12 族の元素では，1 族，2 族 13 族〜18 族元素に比べ原子番号の増加にともなう変化の程度が極めて

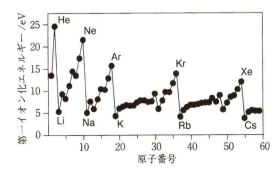

図 3.11 原子の第一イオン化エネルギー

表 3.4 原子の電子親和力 （単位：eV）

H						
+0.75						
Li	Be	B	C	N	O	F
+0.62	−0.19	+0.28	+1.26	−0.07	+1.46	+3.40
Na	Mg	Al	Si	P	S	Cl
+0.55	−0.22	+0.46	+1.38	+0.46	+2.08	+3.62
K	Ca	Ga	Ge	As	Se	Br
+0.50	+0.025	+0.3	+1.20	+0.81	+2.02	+3.37
Rb	Sr	In	Sn	Sb	Te	I
+0.49	+1.51	+0.3	+1.20	+1.05	+1.97	+3.06

小さい。これは，最外殻が s 軌道であり，原子番号の増加に伴って増える電子は内核である d 軌道や f 軌道に入るため，原子核の影響はそう変わらないことによるものである。

3.10.2 電子親和力

中性原子に電子を 1 個与えて陰イオンとなるときに放出されるエネルギーを電子親和力という。電子親和力が大きいほど陰イオンになりやすい。**表 3.4** に典型元素の電子親和力を示す。F, Cl, Br, I などのハロゲン原子（第 17 族）の値が突出して大きいのがわかる。ハロゲン原子では p 軌道に 1 つだけ空きがあるので，ここに 1 個電子が入れば閉殻構造となり，そのイオンは比較的安定になるからである。元々閉殻構造である第 18 族の原子では，電子がエネルギーの高い（主量子数が 1 つ大きい）軌道に入ることによってかえって不安定になる。また，s 軌道に電子が 2 個入った第 2 族元素の値も負になることが多い。この場合，基本的には主量子数は同じであるがエネルギーの高い p 軌道に電子が入るためである。

3 章　章末問題

3.1　例題 3.1 のように，式 (3.1) で $n_2 = 1$，$n_1 = 3, 4, 5, 6$ として，波長 λ を求めなさい。また，それらが紫外線となっているか確認しなさい。

3.2　同様に，バルマー系列・パッシェン系列の場合も計算し，それぞれが可視光線・赤外線になっているか確認しなさい。

3.3　式 (3.6) の λ はド・ブロイ波長とよばれる。電子を光の速度まで加速することができたとして，そのときのド・ブロイ波長を求めなさい。ただし，電子の質量は 9.11×10^{-31} kg，光の速度は 3.00×10^8 m s^{-1}，$h = 6.63 \times 10^{-34}$ J s とする。

3.4　主量子数を n，方位量子数を l，磁気量子数を m とする。$n = 2$ のとき許される方位量子数と磁気量子数の組み合わせは $(l, m) = (0, 0), (1, -1), (1, 0), (1, 1)$ である。$n = 3$ のときに許される方位量子数と磁気量子数の組み合わせをすべて答えなさい。

3.5　方位量子数 $l = 0, 1, 2$ の原子軌道，すなわち，s 軌道，p_x 軌道，p_y 軌道，p_z 軌道，d_{xy} 軌道，d_{yz} 軌道，d_{xz} 軌道，$d_{x^2-y^2}$ 軌道，d_{z^2} 軌道のグラフの概形をそれぞれ描きなさい。軌道の形，軌道の向き，位相（符号）の違いがわかるように描くこと。

4 化学結合と分子の構造

　前章で学んだように原子のもっている電子は，一定の原則に従って軌道（原子軌道）に配置（電子配置）されており，これによって元素の化学的性質の周期性，類似性が理解できる。いうまでもなく，原子が結びついていろいろな物質（分子）が形成されているのであるが，なぜ原子は互いに結びつくのであろうか。また，分子の形はどのようにして決まるのであろうか。この章では原子軌道，原子の電子配置をよりどころにして，この結びつきすなわち，化学結合について考えてみよう。化学結合は**イオン結合**と**共有結合**とに大別されるが，ここでは主として後者を取り上げる。

4.1　オクテット則とルイス構造式

　ボーア理論にもとづいた化学結合の考え方から始めよう。希ガス元素（第18族の元素）は通常，単原子分子として存在しており，化学反応性にきわめてとぼしい。希ガス元素は最外殻に電子を8個（ヘリウムは最外殻がK殻であるため電子2個）有している。このように最外電子殻に2個ないし8個の電子を有する元素は化学的に安定と考えられる。したがって希ガス元素以外の元素は電子のやり取りによって，最外殻が満たされるようにすることで安定になると考えられる。このような考え方は**オクテット則**とよばれる。例えば，ナトリウム原子Naは最外殻であるM殻に電子を1個もっているが，この電子がなくなり1価の陽イオンとなれば，また，塩素原子ClはM殻に7個の電子をもっているが，外から電子が入ってきて1価の陰イオンとなれば，いずれの原子もオクテット則を満たすことになる。そうなればNa^+とCl^-が静電的な引力によってひきあうことにより塩化ナトリウムNaClが形成される[*)]。

　次に水素分子H_2について見てみよう。水素原子は電子を1個もっているから水素分子には電子が2個あることになる。H_2を構成する2つの水素原子のうちの1つに注目すると，もう一方の原子がもっている電子を自分のものと見なせば，ヘリウムと同じ電子配置となる。もう一方の原子についても同様なことがいえる。すなわち2個の電子を共有しているとみれば，2つの水素原子それぞれがヘリウムと同じ安定な電子の配置となる。塩素分子Cl_2について考えてみると，塩素原子はM殻に7個の電子をもっており，この場合も互いに出し合った電子1個を共有すると考えれば，塩素原子はそれぞれM殻に8個の電子をもつことになり，安定な電子配置となる。水素原子，塩素原子は安定には存在しえないけれど，H_2, Cl_2となることによって，個々の原子がオクテット則を満たすことに

*) このような原子の結合をイオン結合という。この結合については，4.2.2で述べる。

33

なり安定な分子として存在しうる。このように 2 つの原子間で電子を出し合い，それを共有することで安定な分子が形成されると考えられたのである。このような原子の結びつきが**共有結合**である。このように 2 個ずつ対をなした電子を**電子対**といい，原子間に共有されている電子対を**共有電子対**という。共有結合に関与しない最外殻電子はどうなっているかというと，非共有電子対とよばれる電子対を形成していると考えられた。したがって塩素原子の場合には 3 つの非共有電子対が存在することになる。非共有電子対に対して共有結合に関わる電子を**不対電子**という。窒素分子 N_2 の場合は，窒素原子の最外殻電子は 5 個であり，互いに 3 個の電子を出し合いそれを 2 原子間で共有すれば，それぞれの窒素原子がオクテット則を満たすことになる。共有電子対は 3 個，非共有電子対は各窒素原子に 1 個ずつということになる。窒素原子は 3 個の不対電子をもつことになり，3 個の水素原子と共有結合をつくる，すなわちアンモニア NH_3 が形成されることがわかる。酸素原子は最外殻電子が 6 個で非共有電子対が 2 つ，不対電子が 2 個とみれば，水 H_2O の形成を，炭素原子は最外殻電子が 4 個で，すべてが不対電子とみればメタン CH_4 の形成を説明できる。

　最外殻電子を • で表して原子のまわりに配置したもの，分子の構造を表したものを**ルイス構造式**（ルイスの電子式）（**図 4.1**）という。

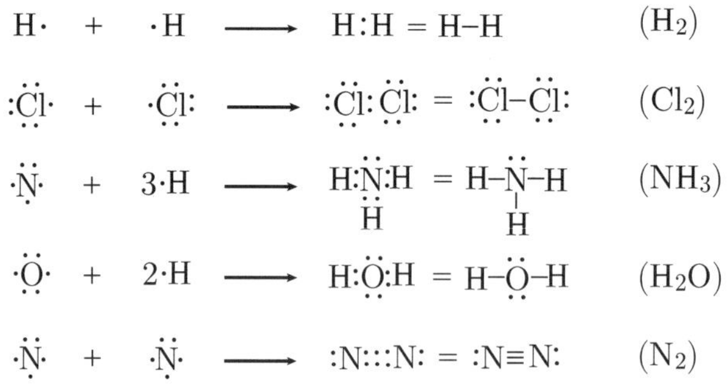

$$\text{H·} \quad + \quad \text{·H} \quad \longrightarrow \quad \text{H:H} = \text{H–H} \qquad (\text{H}_2)$$

$$\text{:}\overset{..}{\text{Cl}}\text{·} \quad + \quad \text{·}\overset{..}{\text{Cl}}\text{:} \quad \longrightarrow \quad \text{:}\overset{..}{\text{Cl}}\text{:}\overset{..}{\text{Cl}}\text{:} = \text{:}\overset{..}{\text{Cl}}\text{–}\overset{..}{\text{Cl}}\text{:} \qquad (\text{Cl}_2)$$

$$\text{·}\overset{..}{\text{N}}\text{·} \quad + \quad 3\text{·H} \quad \longrightarrow \quad \text{H:}\overset{..}{\text{N}}\text{:H} = \text{H–}\overset{..}{\text{N}}\text{–H} \qquad (\text{NH}_3)$$

$$\text{·}\overset{..}{\text{O}}\text{·} \quad + \quad 2\text{·H} \quad \longrightarrow \quad \text{H:}\overset{..}{\text{O}}\text{:H} = \text{H–}\overset{..}{\text{O}}\text{–H} \qquad (\text{H}_2\text{O})$$

$$\text{·}\overset{..}{\text{N}}\text{·} \quad + \quad \text{·}\overset{..}{\text{N}}\text{·} \quad \longrightarrow \quad \text{:N:::N:} = \text{:N≡N:} \qquad (\text{N}_2)$$

図 4.1 原子，分子のルイス構造式

4.2 原子の電子配置と結合

4.2.1 原子の電子配置とルイス構造

　今度は電子の原子軌道への配置に基づいて結合を考えてみよう。希ガス元素は電子を 2 個しかもたないヘリウム（$1s^2$）を別にすると，第 2 周期では（$1s^2, 2s^2, 2p^6$）の電子配置，第 3 周期以降は s 軌道と p 軌道に電子が満たされている配置となっている。ナトリウム原子 Na の電子配置は（$1s^2, 2s^2, 2p^6, 3s^1$）であるが，$3s$ 軌道にある電子がなくなり 1 価の陽イオンとなれば，その電子配置はネオンと同じになる。また，塩素原子 Cl の電子配置は（$1s^2, 2s^2, 2p^6, 3s^2, 3p^5$）であり，外から電子が $3p$ 軌道に入ってきて 1 価の陰イオンとなれば，その電子配置はアルゴンと同じになる。

4.2　原子の電子配置と結合　　　　　　　　　　　　　　　　　　　　　　　　　　　　35

　図 **4.2** に水素，炭素，窒素，酸素の各原子の電子配置を示す。水素原子は不対電子を 1 個もっている。この軌道にもう一つ電子が入れば $1s^2$ でヘリウムと同じ電子配置となる。もう一つの電子を供給する原子が水素であれば水素分子となる。炭素および酸素原子は不対電子を 2 個，窒素原子は不対電子を 3 個もっている。酸素原子，窒素原子については水素原子との結合を考えると，それぞれ不対電子の数と同数の水素原子と共有結合を形成することによって L 殻が満たされることになる。イオン結合も含め，基本的にはルイスらの考え方と同じようにみえる[*)]。ではどこが違うのだろうか。原子軌道の考え方は電子に波としての性質があることに基づいていることを念頭において，共有結合を考えてみよう。

*) 炭素原子については，酸素原子，窒素原子と同様に考えたのではメタンの生成は説明できない。このことについては 4.3 節で述べる。

	$1s$	$2s$	$2p_x$	$2p_y$	$2p_z$
O	↑↓	↑↓	↑↓	↑	↑
N	↑↓	↑↓	↑	↑	↑
C	↑↓	↑↓	↑	↑	
H	↑				

図 4.2　水素，炭素，窒素，酸素の電子配置

4.2.2　イオン結合，金属結合

　すでに述べたようにナトリウム陽イオン Na^+ はネオンと，塩素陰イオン Cl^- はアルゴンと同じ電子配置をとる。Na から Cl へ電子が 1 つ移ればそれぞれ安定な陽イオン，陰イオンとなり，両者に強い静電的引力が働く結果 Na^+Cl^- という

コラム：原子価殻電子対反発則

　共有結合からなる分子は特有の形をもっている。ルイス構造式からはこの形についての情報は得られない。分子の形を定性的に説明できる考え方として，中心となる原子について共有電子対，非共有電子対の反発を考えてこれらができるだけ離れた位置を占めようとするという原子価殻電子対反発則がある。

　非共有電子対どうし，非共有電子対と共有電子対，共有電子対どうしの順で反発が小さくなると考える。

　メタン（CH_4）は 4 つの CH 結合がある。4 組の共有電子対は炭素を中心とした正四面体の頂点方向に位置することになると考えられる。また，アンモニア，水でも中心原子のまわりには 4 組の電子対があるので似たような正四面体構造となると考えたうえで，前者は非共有電子対と共有電子対および共有電子対どうしの反発，後者は非共有電子対どうし，非共有電子対と共有電子対および共有電子対どうしの反発を考えることにより，結合角（括弧内は実測値）は

$$\angle HCH(109.5^\circ C) > \angle HNH(106.7^\circ C) > \angle HOH(104.5^\circ C)$$

の順となることが予測できる。

*) 単原子イオンから形成される場合に限れば，イオン結合は陽イオンになりやすい原子と陰イオンになりやすい原子との間で生じやすい結合といえる。

化合物（塩化ナトリウム）ができる。このようなイオンの結合を**イオン結合**[*]という。塩化ナトリウムは NaCl と表記するが，通常は Na$^+$ と Cl$^-$ が無数集まって空間的に規則正しく配列した固体（**イオン結晶**）を形成している。塩化ナトリウムに限らず，イオン結合で形成されている化合物はイオン結晶となっている。陽イオンとしては K$^+$, Cu^{2+} など金属イオンが挙げられる。陰イオンとしては Cl$^-$ のような 1 つの原子からなるもの以外に，NO$_3^-$，SO$_4^{2-}$ など複数の原子からなるものがある。

金属の性質として**電気伝導性**，**延性**，**展性**がよく知られている。金属は金属原子が規則正しく配列した固体（金属結晶）となっている。金属原子間の結合も共有結合と考えられるが，結合に関与する原子から 1 つずつ出される電子を原子間で共有する共有結合とは異なり，金属原子のもつ最外殻電子が互いに原子間で共有される（動き回る）ことによって原子を結びつけていると考えられる。このような電子は**自由電子**とよばれる。このような結合はイオン化エネルギーが小さく電子が離れやすい元素の場合に形成されやすく，**金属結合**とよばれる。金属結晶を動き回れる自由電子が電気伝導性をになうことになる。多くの陽イオンが電子の海の中に規則的にならんでいるとも考えられ（図 4.3），陽イオン（原子）の相対的位置が変わっても結合自体に影響はない。そのため延性，展性に富むと考えることができる。

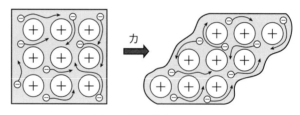

図 4.3　金属結合のモデル

力が加えられて金属が変形し原子の相対的位置が変わっても結合自体に変化はないため，延性や展性に富む。

4.2.3　軌道の重なり，共有結合と分子の形

水素分子について考えよう。2 個の水素原子の 1s 軌道にある電子が対をなすことで形成されるということを，2 つの 1s 軌道が重なると考えたらどうだろうか。電子を波とみなせば，2 つの水素原子核（陽子）間で波が重なると考えることができるであろう。そうなれば結合に関与する電子が 2 つの陽子間に存在しうることになり，陽子間の反発（斥力）を和らげることになる。電子どうしの反発（斥力）も考えなければならないが，一方の原子に属する電子ともう一方の原子の陽子との間に引力が働くと考えられる。これら引力と斥力とのつり合いがとれる距離に，2 つの水素原子の原子核が位置し，水素原子 2 個であるよりもエネルギー的に安定な水素分子が形成されると考えることができる。

第 2 周期以降の原子を有する分子の場合には結合に関与しない内殻電子が存在するため，水素分子のように原子核と結合に関わる電子を考えるだけでよいと

いう単純な話にはならないが，結合に関わる電子が対になるということについては，結合に関わる電子のある原子軌道が重なるという基本は変わらない。

アンモニア（NH₃）は窒素の2p軌道にある3つの不対電子と3つの水素原子の不対電子とが重なることによって3つのN-H結合が形成されることになる。2p軌道には正になる部分と負になる部分がある。水素の1s軌道が正であることから，2p軌道の正の部分と重なることになる。窒素原子の3つのp軌道は互いに直交しているので，N-H結合のなす角度（結合角∠HNH）は90°になるものと考えられ，アンモニアは三角錐型であると推測できる。また，水の場合は直交する2つの2p軌道にある不対電子と2つの水素原子の不対電子とが重なることによって2つのO-H結合が形成されることになり，O-H結合（結合角∠HOH）のなす角度も90°になると考えられる。どちらの分子も実際の結合角は90°より大きいことが知られているが，結合に関与する電子のある軌道が重なることで共有結合が形成されると考えると，ルイス構造からはわからない分子の形が推測できる。結合角が90°より大きくなることについては，酸素原子，窒素原子と水素原子の電気陰性度[*1]に差があるために水素原子が電気的に正となる結果，水素原子間の反発が起るとしておおよその説明はできる[*2]。

4.3 混成軌道

4.3.1 混成軌道[*3]

窒素原子や酸素原子と水素原子の結合と同じように結合を考えようとすると，炭素原子は2個の水素原子と結合することになり，メタン（CH₄）の存在を説明できない。どのように考えれば説明できるのであろうか。不対電子の数だけ結合ができると考えると，炭素原子は4つの不対電子をもたなければならないことになる。2s軌道にある電子の1つを図4.4に示すように$2p_z$軌道に移す（昇位という）と，不対電子は4つとなり4つの水素原子と結合できる。電子が2s軌道から2p軌道に移動させるにはエネルギーが必要になる。しかし，その結果4つのCH結合（昇位がなければCH結合は2つ）が形成されることによって，昇

[*1] 異なる原子間で共有化学結合が形成された場合，結合に関与する電子は原子間に均等に分布しておらず，どちらかの原子の方に偏って分布している（4.5.1参照）。これは原子によって電子を引きつける力が異なるためである。この力を相対的な数値で示したものが電気陰性度で，数値が大きいほど引きつける力が強い。ポーリングの電気陰性度（表4.1参照）が一般によく用いられる。

[*2] 分子の形についての定性的な考え方はほかにもある。p35のコラム，4.3.1を参照。

[*3] ポーリング（Pauling, L. C., 1901 - 1994）によって提案された考え方で，結合の方向性すなわち化合物の形を説明できる。特に結合の方向性がはっきりしている有機化合物について主に適用される。

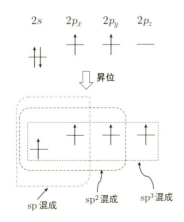

図4.4 軌道の混成

位に必要なエネルギーはまかなわれてあまりあると考えることでメタンの生成は説明できる。ところで，メタンは，正四面体の C が重心，H が頂点に位置している。結合角 ∠HCH はすべて 109.5°であり 4 つの C-H 結合は等価である。したがって，単に電子を 1 つ移し 4 個の水素原子（1s 軌道）のうち 1 個が 2s 軌道と，残り 3 個が 2p 軌道と重なることによって CH 結合が形成されるものとするとメタンの構造は説明がつかない。

そこで考えられたのが軌道の混成（図 4.4）である。結合が形成される場合には s 軌道 1 つと p 軌道 3 つが混じりあって新たにエネルギーも形も等しい等価な 4 つの軌道が形成され，その軌道が結合形成に使用されると考えるのである（sp³ 混成）。この新たに形成される軌道を**混成軌道**という。もとの軌道が 4 つあるので混成軌道も 4 つでき，これらを **sp³ 混成軌道**という。この軌道は図 4.5 に示すように炭素を中心として正四面体の頂点の方向に向かう形をしており，この軌道と水素原子の 1s 軌道と重なることで CH 結合が形成されると考えれば，メタンが正四面体構造をもつことが説明できる。

次に炭素と水素の化合物としてエチレン（CH₂=CH₂）について考えてみよう。この化合物の炭素原子について注目してみると，メタンの場合と同様に 1 個の炭素原子が 4 つの結合を形成しうるとすれば，もう一方の炭素原子との間に結合が 2 つ，さらに 2 個の水素原子と結合していることになる。メタンと違うのは，構成原子がすべて平面上にあって，結合角 ∠HCH，∠CCH はともにほぼ 120°であることである。さらに炭素原子間の 2 つの結合（二重結合）のうち 1 つは切れやすく化学反応に関与しやすいという性質をもっている。これは 2 つの結合の性質が異なっていることを示唆している。これらのことはメタンの場合と同じように sp³ 混成軌道を考えることで説明できるだろうか。構成原子のすべてを平面上に置くことは可能であるが，結合角 ∠HCH は 109.5°となるはずである。また，炭

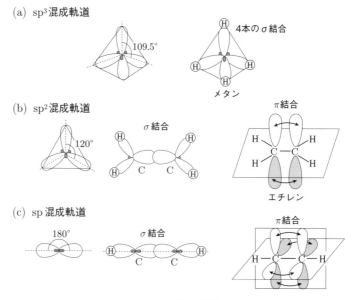

図 4.5 混成軌道

素原子間の結合はsp^3混成軌道間での重なりとなるわけであるから，2つの結合は等価となるはずである。sp^3混成軌道では説明できない。

そこで考えられたのは，昇位後すべての軌道が混じり合うのではなく，p軌道を1つ残してs軌道1つとp軌道2つが混じりあって（図4.4）新たに等価な3つの軌道（**sp^2混成軌道**）が形成されるというsp^2混成である。sp^2混成軌道は図4.5に示すように炭素を中心として正三角形の頂点の方向に向かう形となる。1個の炭素原子について2つの軌道が水素原子の$1s$軌道と，残り1つが，他の炭素原子のsp^2混成軌道と重なることによって結合ができると考えれば，6つの原子が平面上に位置することと結合角が$120°$になることが説明できる。このとき2つの炭素原子に1つずつ存在する混成に関与しなかった$2p$軌道（図4.2で$2p_z$軌道）は，図4.5に示すように分子平面（x-y平面）に垂直な方向に2つが平行になって位置している。sp^2混成軌道どうしが頭と頭をつきあわせるかたちで重なって炭素–炭素結合が形成されるのであるが，これとは別に平行にならんでいる$2p_z$軌道どうしも重なって[*]別の炭素–炭素結合が形成されると考えられる。この$2p_z$軌道間の重なりは，はじめのC-C結合を形成するsp^2混成軌道どうしの重なりほど大きくない。軌道の重なりが大きいほど原子間に電子の存在する確率が高くなりより強い結合が形成されると考えられるので，この場合はsp^2混成軌道どうしの重なりによる結合よりは切れやすいとみることができる。こう考えればエチレンの2つC-C結合のうち1つは切れやすく化学反応に関与しやすいという実験事実も説明できる。このような結合を**π結合**という。これに対し先のsp^2混成軌道どうしが結合に沿って重なる結合を**σ結合**という。

炭素と水素からなる化合物にはもう一つ構造について考えなければならないものがある。アセチレン$CH\equiv CH$である。アセチレンの炭素原子，水素原子は一直線上にあることがわかっている。1個の炭素原子が4つの結合を形成しうるとすれば，炭素原子間に3つの結合（三重結合）が形成されることになる。3つの結合のうち2つは切れやすく化学反応に関与しやすいという性質をもっている。アセチレンの構造は，sp^3混成やsp^2混成では説明できない。そこで，図4.5に示すようなs軌道とp軌道1つずつが混じりあうsp混成が考えられた。2つの**sp混成軌道**は図4.5に示すように互いに正反対の向きに広がっている。この軌道の重なりによってHCCHの結合ができるとすれば，直線構造になることが説明できる。また，混成に関与しない炭素原子上の直交する2つのp軌道（図4.2で$2p_y$, $2p_z$軌道）は，エチレンの場合と同様に炭素原子間で重なると考えれば，炭素原子間の3つの結合のうち2つは切れやすいことも説明できる。アセチレンの炭素間の三重結合はσ結合1つ，π結合2つということになる。

混成軌道の特徴は図4.5に示したように混成の種類に関係なく，p軌道のように左右対称形ではなく，一方の方向に大きく広がっている点にあり，p軌道にくらべ他の原子軌道とより大きく重なり得ることである。

混成は炭素原子に限ったものではない。アンモニアの窒素原子についてsp^3混成を考えてみる。4つできるsp^3混成軌道のうちの1つに電子が対（非共有電子対）を形成して入り，残り3つの軌道と水素原子の$1s$軌道が重なってNH結合

[*] 図4.5では2つのp軌道は重なっているようには書かれていないが，⤺ で示すように隣どうしで重なる。

が形成されると見ることもできる。同じように水の酸素原子についても sp^3 混成を考えると，2 つの sp^3 混成軌道それぞれに電子が対（非共有電子対）を形成して入り，残り 2 つの軌道を使って水素原子と結合をつくると考えることができる。こう考えるとアンモニアの結合角 ∠HNH，水の結合角 ∠HOH は 109.5° になると推定できる。実際の結合角は ∠HNH は 106.7°，∠HOH は 104.5°C なので，4.2.3 項で推定した 90° より近い値である *)。

*) p35 のコラムを参照

4.3.2 π 結合の共役

sp^2 混成軌道の重なりで 4 つの炭素原子がつながった分子（1,3-ブタジエン CH$_2$=CH-CH=CH$_2$）を取り上げてみよう。4 個の炭素上には分子面に垂直に 4 つの 2p 軌道がある（図 4.6）。エチレンの場合と同じように考えると，炭素 1 と 2 の間，炭素 3 と 4 の間で軌道が重なって，π 結合が形成されるとみることができる。炭素 1 と 2 の間，炭素 3 と 4 の間の結合は二重結合，炭素 2 と 3 の間の結合は単結合ということになる。しかし，隣り合う 2p 軌道間の重なりということであれば炭素 2 と 3 の間での重なりも考えられる。そうであるとすれば，π 結合に関与する電子は炭素 1 と 2 の間，炭素 2 と 3 の間のみならず，炭素 2 と 3 の間にも存在しうることになる。

エタン（CH$_3$-CH$_3$）の炭素-炭素単結合の原子間距離は 0.1535 nm，エチレンの炭素間二重結合の原子間距離は 0.1339 nm，アセチレンの炭素間二重結合の原子間距離は 0.1202 nm であり，単結合，二重結合，三重結合の順に結合距離が短くなる。1,3-ブタジエンの炭素 1 と 2，炭素 3 と 4 の結合距離は 0.1348 nm であり 0.1339 nm よりほんの少しであるが長くなっている。炭素 2 と 3 の結合距離は 0.1468 nm であり 0.1535 nm より少し短くなっている。このことから炭素 1 と 2，炭素 3 と 4 の結合がほんの少し単結合に，炭素 2 と 3 の結合が少し二重結合に近づいたと考えることができる。すなわち，炭素 1 と 2，炭素 3 と 4 の二重結合に関与する電子が炭素 2 と 3 の間に流れ込んだことを示すものであり，2p 軌道の重なりがあることの結果と理解できる。本来単結合とみられる炭素 2 と 3

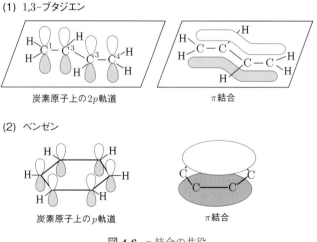

図 4.6 π 結合の共役

4.3 混成軌道

の間でも π 結合的な要素が加わっていることになり，π 結合に関与する電子が 4 つの炭素原子上を動きうることを示すものである。二重結合と単結合が交互にあるときこれを**共役二重結合**という。このようになると化合物は一般に安定化することが知られている。1,3-ブタジエンの二重結合の性質はエチレンのものとそう違いはないが，6 つの炭素原子が sp^2 混成軌道の重なりによって環状（共役二重結合が環状）になっているベンゼン（C_6H_6）では情況が異なる。ベンゼンでは完全に単結合と二重結合の区別がなくなってしまう。六角形平面に垂直に 6 つの $2p$ 軌道が隣り合って存在しており，それらが隣どうし重なることによって 6 個の電子が環状を自由に動き回れると考えることができる（**図 4.6**）。ベンゼンは正六角形の構造をもっており炭素原子間の距離は 0.1399 nm と単結合と二重結合のほぼ中間の値となっている。形式的には単結合と二重結合を交互に書いて表記するが，実際には先に述べたように単結合と二重結合の区別はつかない。エチレンのように π 結合が切れることに基づく化学反応は起りにくく，共役によってかなり安定化すると考えられている[1]。

4.3.3 配位結合

これまでは結合に関与する原子から 1 つずつ出される電子を原子間で共有する結合について考えてきた。そのような結合ではなく一方の原子から 2 個の電子が供給されてできる結合もある。このような結合を**配位結合**という。共有結合には違いないがこれまでとは様子が異なる。アンモニウムイオン NH_4^+ がその例である（**図 4.7**）。アンモニアの窒素原子上にある非共有電子対が電子をもっていない水素イオン[2]との間で共有されことにより形成される。アンモニウムイオンはメタンと同様正四面体構造となる。オキソニウムイオン H_3O^+ も水分子中

[1] これを芳香族性といい，ベンゼンや 6 つの炭素のうち隣り合う 2 つの炭素を共有する形で 2 つ以上のベンゼンがつながったナフタレン，アントラセンなどは芳香族化合物とよばれる。10 章 10.3 節の (5) を参照。

[2] 水素イオンは $1s$ 軌道が空になっている（空軌道という）。

コラム：ベンゼンの分子構造

ベンゼンの構造は (1) のようにも (2) のようにも書くことができる。しかし，完全に単結合と二重結合の区別はつかないのであるから，そのことをはっきりさせる表し方として (3) のような書き方もある。

ベンゼンの分子構造

$$H_3N: \ + \ \bigcirc H^+ \longrightarrow \ H_3N:H^+ \ (H_4N^+)$$

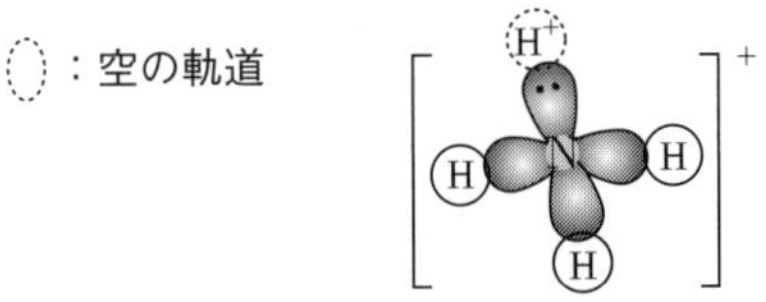

$\bigcirc$ ：空の軌道

図 **4.7** アンモニアの配位結合

の酸素原子上にある非共有電子対が水素イオンとの間で共有されことにより形成される。こちらはアンモニアと同様の立体構造となる。

4.4 分子軌道

これまで分子中で結合している 2 つの原子のみに注目して共有結合を考えてきた。このような考え方とは別に原子に原子軌道があるように，分子について分子の持っている電子が入る"**分子軌道**"というものを考えるのである。分子を構成する原子が近づいてきたときに原子軌道が重なって形成されると考えればよいであろう。分子軌道は分子を構成する原子の原子軌道の重ねあわせ（線形結合）であらわす。水素分子の場合には 4.2.3 で述べた"軌道の重なり"との違いがわかりにくいが，例えばメタンの場合には，炭素の $1s$, $2s$, $2p$ 軌道および 4 個の水素の $1s$ 軌道で分子軌道が形成されることになるので違いがはっきりする。

ここでは水素分子を取り上げてみることにする。2 つの水素原子 A, B の原子軌道をそれぞれ φ_A, φ_B とし，分子軌道を ϕ とすると分子軌道は

$$\phi = \varphi_A + \varphi_B \tag{1}$$

となる。これは電子を波とみなした場合に波がお互いに強めあう重なりであり，結果として 2 つの原子核の間に存在する大きな波になると考えられる。すなわち電子密度が原子核の間で高くなり，これが原子を結びつける結合力をもたらす。しかし，波の重なりという視点からは，逆にお互いに弱め合う重なりもあり得る。その場合には

$$\phi^* = \varphi_A - \varphi_B \tag{2}$$

となり，逆に 2 つの原子核の間の電子密度が減少することになる。ここでは触れないが，(1) 式の分子軌道はエネルギー的にもとの $1s$ 軌道より安定な軌道であり，逆に (2) 式の分子軌道はエネルギー的に不安定な軌道となることが理論的に導き出せる。そうであるとすれば，2 個の水素原子 $1s$ 軌道それぞれに電子が 1 つずつ入っているより，(1) 式の分子軌道に 2 個電子が入った方が安定ということになる。

図 **4.8** に示すようにこの場合も原子軌道と同じようにパウリの排他原理にしたがって電子が入る。(2) 式の分子軌道では原子間の電子密度が減少することになるため，結合の形成は期待できないし，エネルギー的にも水素原子 2 個より不安定ということになる。(1) 式のような分子軌道を**結合性軌道**，(2) 式のような分子

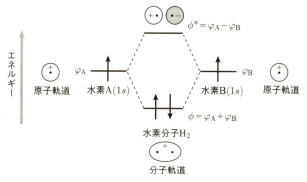

図 4.8　原子軌道の重なりと分子軌道

表 4.1　ポーリングの電気陰性度

H 2.1						
Li 1.0	Be 1.5	B 2.0	C 2.5	N 3.0	O 3.5	F 4.0
Na 0.9	Mg 1.2	Al 1.5	Si 1.8	P 2.1	S 2.5	Cl 3.0

軌道を**反結合性軌道**とよぶ。

4.5　分子間に働く力

4.5.1　結合の極性

　これまで，共有結合，イオン結合について考えてきたが，現実はそう単純ではない。水素分子，窒素分子など同じ原子が結合している場合は完全な共有結合といってよいが，普通は共有結合やイオン結合に分類される結合であっても程度の差こそあれ，これらの両方の性格をもっている。異なる原子間の結合では，結合電子対は電気陰性度の大きな原子の方に引き付けられ，電気陰性度の小さい原子は正の電荷をおび，電気陰性度の大きい原子は負の電荷をおびることになる。この結果，共有結合といえどもイオン結合の性格をもつことになる。これを結合に**極性**があるとか**分極**しているという。

　分子中の個々の結合に分極があっても分子全体としては，かならずしも電荷に偏りがあるとは限らない。電荷に偏りがない場合もある。前者を**極性分子**，後者を**無極性分子**という。このような違いがでるのは分子の立体構造が関係している。メタンやメタンの水素原子が塩素原子に置き換わった四塩化炭素では C-H，C-Cl 結合に極性はあるが分子全体としては極性がない。二酸化炭素の C-O 結合には極性があるが，二酸化炭素は直線分子なので分子全体としては極性がな

コラム：メタンの分子軌道について

　水素分子の場合，$1s$ 軌道 2 つから分子軌道が構成され分子軌道は 2 つとなるが，メタンの場合には炭素原子，水素原子合わせて 9 つの原子軌道で構成され分子軌道は 9 つとなる。エネルギーの低い分子軌道から順にパウリの排他原理に従って 2 個ずつ電子を入れていくことになる。メタンは 10 個の電子を持っているので，エネルギーの低い方から 5 つ目までが結合性軌道，さらにエネルギー 4 つが反結合性軌道となる。水素分子のように単純ではないが，結合性軌道の重ねあわせで 4 つの C-H 結合が表されることになる。

い。水のO-H結合には極性があり，水は直線分子ではないので極性がある。

4.5.2 ファン・デル・ワールス力

極性分子は電荷の偏りがあるので，極性分子間には静電的引力が働くことは容易に想像できる。極性分子どうしでなくても，極性分子と無極性分子の間にも静電的引力が働く。無極性分子であっても極性分子が近づけばその電荷の影響を受けて電荷に偏りが生ずると考えられる。そうなれば極性分子どうしの場合と同じような引力が働くはずである。

では，無極性分子どうしの場合はどうであろうか。二酸化炭素の固体はドライアイスであり，窒素ガスや酸素ガス，希ガスも温度を下げれば液体さらには固体になる *)。このことは無極性分子にも引力が働いていることを示している。この引力はかなり小さいため，通常気体として存在している無極性分子は熱運動によって引きはなされていると考えられる。無極性分子といえども電子の運動によって瞬間的に電荷の偏りが生じ，その結果他の分子に電荷の偏りを生じ，これらの間に引力が働くものと説明できる。分子が大きくなるほどこの引力は大きくなる。このことは図 4.9 に示すように 14 族元素の水素化物，希ガスは分子量が大きくなるにつれて，言い換えれば分子が大きくなるにつれて融点，沸点が高くなることからわかる。

これらの引力は総称としてファン・デル・ワールス力とよばれ，電荷の偏りの程度（分子の極性の大小）や，分子の形も関係するが分子の近づく距離，分子の大きさに依存することが理論的に示されている。分子の集合体が物質といえるので，ファン・デル・ワールス力の大きさに関わるこれらの要素は物質の性質を理解する上で重要である。

4.5.3 水素結合

図 4.9 に示すように 14 族元素の水素化物，希ガスは分子量が大きくなるにつれて（分子が大きくなるにつれて）融点，沸点が高くなるが，15～16 族元素の

*) ヘリウムだけは常圧下（大気圧下）では固体とならない。

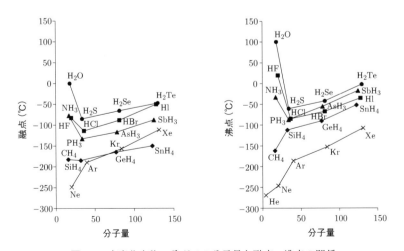

図 4.9 水素化合物，希ガスの分子量と融点，沸点の関係

水素化物は分子量の一番小さい物質（H₂O, NH₃, HF）が最も高く，これ以降は14族元素の場合と同様に分子量が大きくなるにつれ高くなっている。融点，沸点が高いということはより大きなエネルギーがないと状態変化が起こらないということを意味しているので，このことは，H₂O, NH₃, HF では他の同族元素の水素化物より分子間に大きな引力が働いていることを示している。H₂O, NH₃, HF は極性分子であるのに対して，希ガスはもちろんのこと 14 族元素の水素化物は無極性分子である。酸素，窒素，フッ素の各原子の電気陰性度は水素原子に比べ大きく，O-H, N-H, F-H の結合は分極している（図 4.10）。水素原子は正の電荷，他の原子は負の電荷をもつことになり，H-X(O, N, F) ⋯ H- と表せるような X と H の間に静電的引力が働きうる。そうであれば融点，沸点が高くてもおかしくない。水素原子より電気陰性度の高い元素と水素原子との結合を有する化合物にみられる現象であることから，分子間に働くこの引力を**水素結合** *) とよぶ。結合間の分極が大きいことによるもので，通常のファン・デル・ワールス力よりも強い引力が生じる。

*) 水素結合は DNA やタンパク質の高次構造形成にも関わっている。13 章 13.7, 13.8 節を参照。

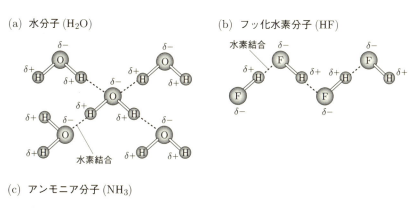

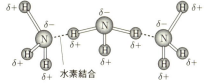

図 4.10 水素結合

4 章　章末問題

4.1 次のイオン，化合物のルイス構造を書きなさい。
　　(1) H_3O^+　　(2) H_2O_2　　(3) CO_2　　(4) C_2H_6

4.2 次の化合物の各炭素原子の混成軌道の種類は何か。また，その炭素を中心とした結合角を予測しなさい。
　　(1) CH_3CN　　(2) $CH_2=CH-CH_3$　　(3) $CH_3CH_2CH_3$　　(4) $CH_3C\equiv CH$

4.3 水の沸点（100°C）は，同程度の分子量であるメタンの沸点（-161.5°C）よりはるかに高い。この主な原因について説明しなさい。

5 気体の特性

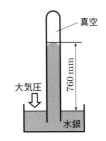

図5.1 トリチェリの真空

空気や酸素などの気体に関するさまざまな観察や実験は近代科学の発展の初期段階で非常に大きな貢献をした。例えば1643年イタリアのトリチェリ（Torricelli, E.）は片端を閉じたガラス管に水銀を満たし，ガラス管の開いた口を下にして水銀を満たした容器に立てると，水銀は管の中を下降するが約760 mmの高さに止まることから空気に重さがあることを明らかにした（図5.1）。また，1766年には水素，1772年には窒素と酸素が発見され，1808年にはフランスのゲイ-リュサック（Gay-Lussac, J.）が**気体反応の法則**を発表し，**原子，分子**の概念が発展する契機となった。この章では，気体の特性について考えていく。

5.1 物質の三態

純物質では，固体から液体，液体から気体への変化はそれぞれの物質固有の温度で起き，固体から液体への変化，液体から気体への変化が終わるまでほぼ一定の温度に保たれる。純物質の**融点**，**沸点**はそれぞれの純物質を識別したり，純物質と混合物を区別するためにも用いられる（図5.2）。

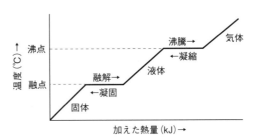

図5.2 純物質の加熱曲線

氷を室温で放置すれば液体の水に変わり，容器にいれて加熱すれば水蒸気として気体に変化する。しかし，氷も水も水蒸気も全て水分子（H_2O）からできている。したがって，その違いは分子の結びつき方の違いが原因と考えることができる。状態の変化による分子の結びつき方の違いを考える手掛かりに，氷，水，水蒸気の密度を比較すると表5.1のようになる。

氷の密度はおよそ0.9，水は1，水蒸気は0.0006となっている。同じ体積の中に含まれている水分子の数は密度と比例していると考えられる。密度を比較すると，固体の氷と液体の水では約10%程度の差だが，気体の水蒸気では液体の水の

5.2 気体の法則

表 5.1 水の状態と密度，体積膨張率の変化

状態	密度 [g cm^{-3}]	体膨張率 [K^{-1}]	温度 [°C]
氷（固体）	0.917	0.53×10^{-4}	0
水（液体）	0.998	2.1×10^{-4}	20
水蒸気（気体）	0.0006	27×10^{-4}	100

約 0.06% と，含まれる分子の数が少なく分子間の間隔が広がっていることがわかる。また温度変化で体積がどれだけ変化するかを示す体膨張率を比較すると，液体の水では氷の約 4 倍，気体の水蒸気では約 51 倍になっている。これから固体，液体，気体と状態が変化するごとに分子間の距離が変化しやすくなることがわかる。こうしたことから固体状態では分子どうしが接近して存在し，それが変化しにくく，液体状態では固体と同程度に接近して存在するが固体に比べれば分子どうしが動きやすく，気体状態では分子どうしが大きく離れ，動きやすくなっていることが想像できる。

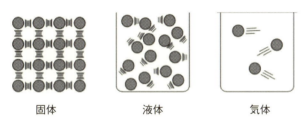

図 5.3 固体，液体，気体の分子的イメージ

5.2 気体の法則

密閉された容器に入れられた気体の物質量 n，圧力 p，体積 V，温度 T の間の関係は，①ボイルの法則，②シャルルの法則，③アボガドロの法則，④ドルトンの分圧の法則にまとめられる。

個々の法則の話の前に，気体の物質量 n，圧力 p，体積 V，温度 T について考えてみよう。気体の物質量は密閉された容器の中にある気体分子の粒子数，体積は密閉された容器の体積と考えればよい。

気体の圧力とは容器の壁面の単位面積にかかる力と定義される（図 5.4）。力 (F) とは「運動している物体の方向や速度を変える時に作用するもの」と定義され $F = m\alpha$ と表される。ここで m は運動している物体の質量，α は加速度を意味している。物質を原子や分子などの粒子の集合として考えれば，力 (F) は，質量 m の気体分子が容器壁に衝突して，その方向を変える時に作用するものと考えることができる。力の SI 単位はニュートン（N = kg m s^{-2}）であり，面積の単位は平方メートル（m^2）なので，圧力の SI 単位は N m^{-2} でパスカル（Pa）という。あまり意識されないが，日常生活では大気の重さ（大気圧）が圧力の中

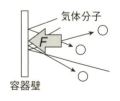

図 5.4

心となるため,「気圧 (atm)」が広く使われてきた。現在では,1気圧 (標準気圧) は 760 mm 水銀柱 (水銀を 760 mm 押し上げる圧力) と定義されているので次のような関係になる。

$$1 \text{ atm} = 101,325 \text{ N m}^{-2} = 1013.25 \text{ hPa} = 101.325 \text{ kPa}$$

温度は寒暖の度合いを数量で表したものであるが,先ほど考えた気体分子のイメージでは,分子運動の激しさを示す尺度と考えることができる。このため分子運動が止まっている状態が温度の下限と考えることができる。そこで分子運動が止まっている状態を**絶対零度**とし,これを基準としてセルシウス度 (℃) と同じ温度間隔で定義した温度を**絶対温度**,**熱力学温度**あるいは**ケルビン温度**という。SI 単位では K という記号が使われる。絶対零度であっても全ての運動が止まるわけではない。絶対零度 (0 K) でも固体中の粒子はわずかに振動しており,ある程度のエネルギーを持っている。このエネルギーは**零点振動エネルギー**とよばれる。

絶対温度での温度は T として表し,セルシウス度 (℃) で表した温度は t と表す。二つの温度は次のように換算できる。

$$T(\text{K}) = t(\text{℃}) + 273.15$$

5.2.1 ボイルの法則

ボイル (Boyle, R.) は 1662 年に一定量の気体の圧力と体積の関係について最初の系統的な研究を行い,「**一定温度において,一定量の気体の体積 (V) は,気体の圧力 (p) に反比例する**」ことを明らかにした。

数式で表せば次のように表される。

$$V \propto \frac{1}{p}$$

比例定数 k を用いると次のような等式に書き換えることができる。ここで k は温度と気体の量で決まる定数である。

$$pV = k$$

初めの圧力を p_1,体積を V_1 として変化後の圧力を p_2,体積を V_2 とすれば次のように書ける。

$$p_1 V_1 = p_2 V_2 = k$$

【例題 5.1】 25℃,2.54 atm で 250 mL の気体がある。いま同じ温度のまま圧力を 5.00×10^4 Pa に下げたら,この気体の体積はいくらになるか。

答 試料の温度が変化しないのでボイルの法則がそのまま使える。

$$V_2 = \frac{p_1 \times V_1}{p_2} = \frac{2.54 \text{ atm} \times 250 \text{ mL}}{5.00 \times 10^4 \text{ Pa}}$$

上式のままでは,atm mL Pa^{-1} という単位を持つ値が計算されてしまい,目的の体積の単位だけをもつ物理量は得られない。そこで圧力の単位を atm

か Pa に統一するために，換算係数を掛けて atm を Pa に変換する．1 atm は 1.01325×10^5 Pa なので換算係数

$$\frac{1.01325 \times 10^5 \text{ Pa}}{1 \text{ atm}}$$

を式の右辺に掛ける．2.54 atm，250 mL，5.00×10^4 Pa は全て有効数字 3 桁なので計算結果も有効数字 3 桁に丸める．

$$V_2 = \frac{p_1 \times V_1}{p_2} = \frac{2.54 \text{ atm} \times 250 \text{ mL}}{5.00 \times 10^4 \text{ Pa}} \times \frac{1.01325 \times 10^5 \text{ Pa}}{1 \text{ atm}}$$
$$= 1286.8275 \text{ mL} \approx 1.29 \times 10^3 \text{ mL}$$

5.2.2 シャルルの法則

密閉チャック付のビニール袋をお湯につけると袋は膨らむが，水につけると萎んでしまう．これは密閉された袋の中の気体が温められると膨張し，冷やされると収縮するためである．1787 年にフランスの物理学者シャルル (Charles, J. A. C.) は一定圧力のもとでの気体の体積と温度の関係を研究した．シャルル以降の精密な測定の結果，気体の体積は，1°C の温度上昇によって，その気体の 0°C の体積 V_0 の 1/273 増加することが見出された．横軸をセルシウス度 (°C)，縦軸を気体の体積 V としてグラフにすると，**図 5.5** になる．0°C で体積が V_0 でそのグラフの傾きが 1/273 であれば，–273°C で体積がゼロとなる．横軸の目盛をずらして –273°C を "0" として同じ間隔で目盛を付ければ，温度と体積は単純な比例関係になる．–273°C を "0" としてセルシウス度と同じ間隔で目盛を付けた温度はケルビン温度 (**T**) なので，シャルルの法則は，「**一定圧力のもとで気体の体積はケルビン温度に比例する**」と言い直すことができる．数式で表せば，次のようになる．ここで k は試料の気体の圧力のみによって変化する比例定数である．

$$V = kT$$

両辺を T で割って，次のようにも表せる．

$$\frac{V}{T} = k$$

初めの温度を T_1，体積を V_1 として変化後の温度を T_2，体積を V_2 とすれば次のように書ける．

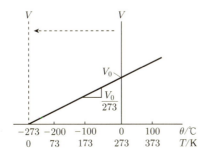

図 5.5 圧力一定での気体の温度と体積

$$\frac{V_1}{T_1} = \frac{V_2}{T_2} = k$$

【例題 5.2】 25°C，2.54 atm で 250 mL の気体がある。いま同じ圧力のまま温度を 100°C に上げたら，この気体の体積はいくらになるか。

> 答　試料の圧力が変化しないのでシャルルの法則がそのまま使える。

$$V_2 = \frac{V_1}{T_1} \times T_2$$

気体の温度を絶対温度にしないと，シャルルの法則が適用できないので，気体の温度を絶対温度に変換する。25°C，100°C は小数点以下に有効桁がないので絶対温度も一の位までが有効数字となる。

$$T_1 = 25 + 273.15 \approx 298$$

$$T_2 = 100 + 273.15 \approx 373$$

温度も体積も有効数字 3 桁なので計算結果も有効数字 3 桁に丸める。

$$V_2 = \frac{250 \text{ mL}}{298 \text{ K}} \times 373 \text{ K} = 312.9 \cdots \text{ mL} \approx 313 \text{ mL}$$

5.2.3　アボガドロの法則

イギリスのドルトン（Dalton, J.）は近代化学の基となる原子説を唱え「同一圧力，同一温度，同一体積のすべての種類の気体には同じ数の原子が含まれる」と考え，過不足なく反応する物質の質量比から種々の元素の**原子量**を測定した。しかし，水素や酸素が原子単体で存在すると考えると実際の実験結果と矛盾が生じた。1811 年イタリアのアボガドロ（Avogadro, L. R. A. C.）は水素や酸素が原子単体ではなく 2 原子結合した**分子**で存在すれば実験結果を矛盾なく説明できるとして「**同一圧力，同一温度，同一体積のすべての種類の気体には同じ数の分子が含まれる**」とする説を唱えた。アボガドロの分子説は長らく認められなかったが，半世紀を経てようやく認められるようになり，化合物の構造，化学結合の成り立ちについての研究が深まる切っ掛けとなった。

1 モルの気体は，気体の種類によらず，同温，同圧で同じ体積となり，その体積を**モル体積**という。実験から**標準状態**（normal temperature and pressure, NTP; 0°C，1 atm）ではおよそ 22.4 L （1 mol あたりという意味で L mol^{-1}）[*]）になることが知られている。

[*]）SI 単位系では体積の単位系として m^3 が用いられる。L は dm^3 と表記する。ただし，溶液などの濃度については，体積の単位として L が使われることが多い。

5.2.4　ドルトンの分圧の法則

互いに化学反応しない混合気体では，温度，体積一定の時，混合気体の全圧は成分気体それぞれの分圧の和に等しい。成分気体の分圧とは，その成分気体だけが一定体積のなかに存在した場合の圧力と定義される。

ドルトンの法則を数式で表すと次のようになる。

$$p_T = p_A + p_B + p_C \cdots$$

ここで p_T は混合気体の全圧，p_A, p_B, p_C は成分気体 A, B, C, ⋯ の分圧である。

【例題 5.3】 21°C で 300 mL の酸素を水上置換で捕集した。21°C における水の蒸気圧は 2.464 kPa である。実験時の大気圧は 102.5 kPa である。酸素の分圧を求め，かつ乾燥したらこの酸素は 21°C，102.5 kPa でどれだけの体積を占めるか。

　答　酸素の分圧は分圧の法則から求められる。大気圧は有効桁が小数点以下 1 位，水蒸気圧は小数点以下 3 桁までが有効桁なので，分圧の計算値の有効桁は小数点以下 1 位まで

$$p_T = p_{O_2} + p_{H_2O}$$
$$102.5 \text{ kPa} = p_{O_2} + 2.464 \text{ kPa}$$
$$p_{O_2} = 102.5 \text{ kPa} - 2.464 \text{ kPa} = (102.5 - 2.464) \text{ kPa}$$
$$= 100.036 \text{ kPa} \approx 100.0 \text{ kPa}$$

同じ温度なので，ボイルの法則が適用できる。100 kPa で 300 mL の酸素であれば 102.5 kPa では体積が減少するはずである。有効数字を考慮して計算結果は有効数字 3 桁に丸める。

$$V_2 = \frac{p_1 \times V_1}{p_2} = \frac{100.0 \text{ kPa} \times 300 \text{ mL}}{102.5 \text{ kPa}}$$
$$= 292.68 \cdots \text{ mL} \approx 293 \text{ mL}$$

5.3　理想気体の状態方程式

気体には次のような性質がある。気体は，(1) どんな大きさの，どんな形にも広がる。(2) 圧力を掛けることにより，その体積を圧縮することができる。(3) 温度を高くすると体積が増加する。(4) 反応しない気体どうしは拡散して混ざり合い，どんな組成の気体混合物にもなる。(5) 同温，同圧，同体積中には気体の種類によらず同数の分子（粒子）が含まれている。

これらの気体の性質から，物質の種類によらず，気体を微小な粒子が無秩序，乱雑に運動している集団と考えて物理的なモデルを作ったものを**気体の分子運動論**という。分子運動論では取扱いを簡単にするために気体粒子の性質を次のように仮定する。このような仮定を満たす気体を**理想気体**とよぶ。

1）気体は非常に小さな粒子で，気体全体の占めている空間に対して，その体積が無視できるほど小さい。

2）気体粒子は高速かつ無秩序に直線運動をしている。

3）気体粒子どうしの間には引力が働かない。

4）気体粒子どうしの衝突は完全に弾性的で，衝突した粒子間ではエネルギーのやり取りが起こるが全体としてのエネルギー損失はない。

以上の 4 つの条件から，**理想気体の状態方程式**（ideal gas equation）として知られる次の式が導かれる。

$$pV = nRT$$

ここで，p は気体の圧力（Pa），V は気体の体積（m^3），n は気体の物質量（mol），T は気体温度（K），R は気体定数で，8.3145 J K^{-1} mol^{-1} である。

理想気体の状態方程式は，p, V, n, T が独立ではなく，4 つの変数のうち 3 つが決まれば，残りの 1 つの変数の値が決まることを示している。理想気体の状態方程式の中には，ボイルの法則，シャルルの法則が包含されているので，この状態方程式だけで，気体に関する計算ができる。

【例題 5.4】 圧力 2.50×10^2 kPa で温度が 300 K の酸素ガス 4.5 dm^3 の酸素ガスの質量はいくらか。気体定数は 8.3145 Pa m^3 mol^{-1} K^{-1} とする。

$\boxed{答}$ 2.50×10^2 kPa $= 2.50 \times 10^2 \times 10^3$ Pa $= 2.50 \times 10^5$ Pa

気体定数の体積に m^3 を使っているので，m^3 と dm^3 の換算係数を掛ける。

$$n = \frac{pV}{RT} = \frac{2.50 \times 10^5 \text{ Pa} \times 4.5 \text{ dm}^3}{8.3145 \text{ Pa m}^3 \text{ mol}^{-1} \text{K}^{-1} \times 300 \text{ K}} \times \frac{1 \text{ m}^3}{10^3 \text{ dm}^3}$$
$$= 0.4510 \cdots \text{ mol} \approx 0.45 \text{ mol}$$

物質量 n を酸素の質量に変換するために酸素のモル質量 32.00 g mol^{-1} を掛ける。

$$0.4510 \cdots \text{ mol} \times 32.00 \text{ g mol}^{-1} = 14.43 \cdots \text{ g} \approx 14 \text{ g} \quad （有効数字 2 桁）$$

5.3.1 マクスウェル–ボルツマン分布

気体分子は常に動いて衝突を繰り返している。このためすべての気体分子は同じ速度で動いているわけではなく，その速度は一定の分布を持っている。1860年にマクスウェル（Maxwell, J. C.）とボルツマン（Boltzmann, L. E.）は，理論的にこの分布を導きだした。その後，分布があることが実験的にも証明され，彼らの名前からマクスウェル–ボルツマン分布とよばれる。**図 5.6** に 300 K の塩素ガスと 300 K，3000 K の窒素ガス分子の速度分布を示す。一定温度では，気体分子の平均速度は気体分子の質量に依存し，軽い粒子ほど速く動く。また気体温度が高くなるほど平均速度も高くなるが，速度分布も広がる。

5.4 実存気体と理想気体の方程式

理想気体の方程式では，前提として (1) 気体粒子の体積が無視できる，(2) 粒子どうしの引力が働かないことを前提としたが，実際の気体では低温，高圧になるほど，この二つの効果が表れ，分子どうしの引力が高まり，ついには液体状態に変化してしまう。しかし，常圧付近ではほとんどの気体について理想気体と見

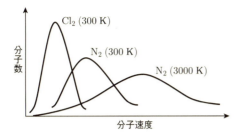

図 5.6 塩素ガス，窒素ガスの速度分布

なした近似が適用できる。理想気体の状態方程式は多少の補正を加えれば，非常に広い範囲に渡って適用できる科学の世界の重要な公式となっている。

5章　章末問題

5.1　ゲイ–リュサックが発見した「気体反応の法則」とはどのようなものか。またその発見が「原子」「分子」の概念にどのような影響を与えたか調べて簡潔にまとめよ。

5.2　1気圧（1.013×10^5 Pa），20.0°C の条件で乾燥空気の平均密度は 0.001205 g cm^{-3} である。この乾燥空気 1.00 m^3 の質量は何 g か。有効数字を考慮して答えよ。

5.3　容積 2000.0 cm^3 の金属缶に窒素ガス 2.0 g（N$_2$：MW=28）と水素ガス 6.0 g（H$_2$：MW=2.0）が入っている。温度は 200°C である。缶の中の気体の全圧はどのくらいか。

5.4　容積 47.4 L の高圧ボンベにアルゴンガス（Ar：MW=39.95）を 150 atm になるまで充填した。この時のアルゴンガスの温度は 25.0°C だった。このボンベのなかにアルゴンガスは何 g 入っているか。ただし，1 atm = 1.013×10^5 Pa とする。

5.5　ある化合物 0.235 g を 101.3 kPa で 90.5°C に加熱すると完全に蒸発し，その体積は 82.5 mL だった。理想気体と見なして，この化合物の分子量を求めよ。

5.6　気体の状態方程式から，気体の物質量，温度一定の条件のもとで，気体の体積を V_1 から V_2 に変化させたとき，圧力は p_1 からどれだけ変化するかを式で示しなさい。

5.7　気体の状態方程式から，気体の物質量，圧力一定の条件のもとで，気体の温度を T_1 から T_2 に変化させた体積は V_1 からどれだけ変化するかを式で示しなさい。

6 液体および溶液の性質

　この章では，液体および溶液の示す性質について学ぶ。はじめに液体や溶液とは何か，溶液中で物質はどのように溶けているのかを学ぶ。次に溶液に溶かすことのできる物質の量である溶解度，および実際に溶液に溶けている物質の割合を示す濃度の概念について学ぶ。さらに，溶液が示すさまざまな性質として蒸気圧や沸点上昇，凝固点降下，浸透圧について学ぶ。

6.1　溶　　解

6.1.1　液　　体

　液体とは，気体と固体の間に相当する状態である（図 **6.1**）。分子から成る物質であれば，固体の状態では分子どうしが寄り合ってほとんど動かないのに対し，気体の状態では分子が空間を自由に飛び回る。液体の状態では，分子は空間をある程度自由に動き回ることができる。ゆえに，液体は容器の形に応じて形を変えることができる。

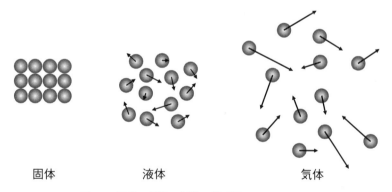

図 **6.1**　固体・液体・気体の模式図
矢印は分子の動く向きと速さを表す。

6.1.2　溶解と溶液

　溶解とは，ある液体に他の物質が混合して均一な液体となることである。この液体に溶けている物質を**溶質**，溶質を溶かしている液体を**溶媒**，溶質が溶けた液体を**溶液**とよぶ。
　一般に，溶液の名称ではまず溶質を，次に溶媒を述べる。塩化ナトリウムを水に溶かしてできる溶液は塩化ナトリウム水溶液とよび，ヨウ素をエタノールに溶かしてできる溶液はヨウ素エタノール溶液とよぶ。

6.1.3 溶解の一般的なしくみ

食塩は水に溶けるが，ごま油には溶けない。どちらも同じ液体であるのに，この違いはなぜ生じるのであろうか。

ある物質が他の液体に溶けるかどうかは，その物質と液体の間の相互作用*)を考えれば理解できる。すなわち，その物質が液体と相互作用する方が安定ならば溶けるし，さもなくば溶けない。以下で具体例を見ていこう。

6.1.4 電解質の溶解

食塩の主成分である塩化ナトリウム NaCl について考えてみよう。塩化ナトリウムはナトリウムイオン Na^+ と塩化物イオン Cl^- から成る。空気中では，ナトリウムイオンと塩化物イオンが静電気力で強く引きあって固体となる（図 6.2）。しかしこれを水に入れると，塩化ナトリウムの固体は水分子に取り囲まれる。水分子は極性分子（4章参照）であるため，分子内の電子の偏りに由来する電荷をもつ。この電荷がナトリウムイオンや塩化物イオンの電荷と引き合うことで，塩化ナトリウムは水中に固体ではなくイオンとして存在する方が安定となり，溶ける。このように，溶媒に溶けてイオンとなる物質を**電解質**とよび，物質がイオンとなる現象を**電離**とよぶ。

*) 本章では簡便のため，溶質と溶媒の間にはたらく引力に注目して説明する。実際には，溶媒中に溶質が広がっていく際のエントロピー変化（11.3節参照）を考える必要がある。

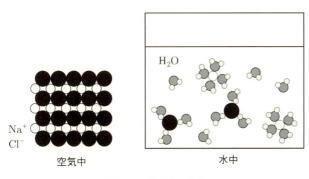

図 6.2 電解質の溶解

コラム：イオン液体

液体は，水やエタノールのように分子から成るものが一般的である。しかし，イオンから成る物質で常温で液体となるものがあり，このような物質はイオン液体とよばれる。通常の液体では一部の分子が蒸発して気体となるが，イオンは蒸発しないのでイオン液体の蒸気圧（6.4節参照）はほぼゼロである。加えて，熱安定性が高く，導電性を示す。さらに，イオン液体はさまざまな物質を溶かすことができるため，反応溶媒としての利用にも注目が集まっている。

イオン液体はさまざまな陽イオンと陰イオンの組み合わせで作ることができる。陽イオンにはイミダゾリウム系やピリジニウム系のイオンが，陰イオンにはハロゲン化物イオンやテトラフルオロボレート BF_4^-，ヘキサフルオロホスフェート PF_6^- がよく用いられる。変わり種としては，塩化鉄 (III) 酸イオン $FeCl_4^-$ があり，この陰イオンから成るイオン液体は磁石に引き付けられる。

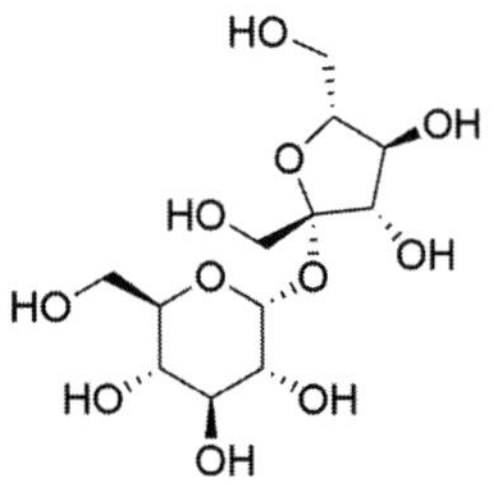

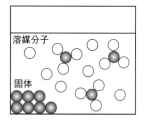

図 6.3 スクロースの構造

6.1.5 非電解質の溶解

次に，食塩ではなく砂糖（スクロース）を水に溶かす場合を考えてみよう。スクロース（図 6.3）は炭素や酸素，水素が共有結合でつながった分子であるため，塩化ナトリウムのように電離できず，**非電解質**である。しかし，スクロースには多くのヒドロキシ（-OH）基が存在する。このヒドロキシ基が極性をもつため，水中に投入されたスクロースは溶けるのである。

電荷の相互作用以外のしくみで物質が溶けることもある。例えば，ヘキサン C_6H_{14} は無極性であり，多くの無極性分子を溶かすことができる。これは 4 章でみたように，無極性分子どうしは，ファンデルワールス力によって弱いながらも引き合うためである。無極性の溶媒に無極性分子から成る固体を加えれば，固体中で引き合う力と溶媒間とで引き合う力が同等であるため，溶質と溶媒がまじりあって溶ける（図 6.4）。逆に，無極性の溶媒に極性分子から成る固体を加えても，極性分子間の引力の方が強いため，溶けることはない。

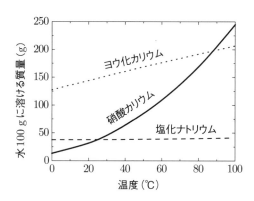

図 6.4 無極性分子の溶解

6.2 溶 解 度

6.2.1 固体の溶解

コーヒーや紅茶に砂糖を加えると，最初はすべて溶けるが，あるところで溶け残るようになる。すなわち，ある物質が液体に溶けることができる最大の量は決まっている。

ある溶媒に溶かすことのできる溶質の量を**溶解度**という。溶解度は，溶媒 100 g に溶かすことのできる溶質の質量（単位は g）の数値として表されることが多い。溶けている溶質の量が溶解度に達し，それ以上溶質が溶けることのできない溶液を**飽和溶液**とよぶ。

溶解度が存在する理由は以下のように説明できる。6.1.3 で述べたように，溶質となる物質と溶媒の相互作用の方が安定であれば，加えた物質は溶解する。こ

図 6.5 さまざまな固体物質の水に対する溶解度

6.2 溶解度

のとき，溶けた溶質は単独で存在するのではなく，周りを溶媒分子に取り囲まれることで溶解する（これを溶媒和という）。溶ける物質の量が多くなると，それを取り囲む溶媒分子の量も多くなる。溶媒の量が一定であれば，どこかの段階で溶質を取り囲む溶媒分子の数が不足し，物質が溶解できなくなってしまう。この時，この溶液は既に飽和溶液となり，溶質の質量は溶解度に達している

　溶解度と温度の関係を表した曲線を**溶解度曲線**とよぶ。さまざまな固体物質の水に対する溶解度を**図 6.5** に示す。物質によって溶媒分子との相互作用が異なるので，溶解度は物質の種類に依存する。加えて，溶解度は温度にも依存する。一般には温度上昇と共に溶解度が上昇するが，上昇のしかたは物質によって大きく異なる。

【例題 6.1】 硝酸カリウムの水への溶解度は 60°C で 109 である。60°C，300 g の水に溶ける硝酸カリウムの質量を求めよ。

　　答　60°C の水 100 g に硝酸カリウムが 109 g 溶けるので

$$109 \text{ g} \times \frac{300 \text{ g}}{100 \text{ g}} = 327 \text{ g}$$

【例題 6.2】 硝酸カリウムの水への溶解度は 60°C で 109，10°C で 22 である。60°C で 60 g の水に硝酸カリウムを溶かして飽和水溶液とし，これを 10°C に冷却したときに析出する硝酸カリウムの質量を求めよ。

　　答　水 100 g に対し，硝酸カリウムが 60°C では 109 g 溶けるのに対し，10°C では 22 g しか溶けないので，溶けきれない分が析出する。

$$(109 \text{ g} - 22 \text{ g}) \times \frac{60 \text{ g}}{100 \text{ g}} = 52.2 \approx 52 \text{ g}$$

6.2.2　液体の溶解（混合）

　固体と同様に，液体の溶解（混合）もその物質によって異なる。例えば，エタノールは水と任意の割合で混合する。エタノールが少なければ，エタノール分子を水分子が取り囲んで溶けるし，水が少なければ，水分子をエタノール分子が取り囲んで溶け，結果として均一な液体となる。どんなに水が少なくても（＝エタノールが多くても）均一な液体が得られるので，エタノールの水への溶解度は無限大ということになる。

　液体が混合しにくい例としては，サラダのドレッシングがある。セパレート型のドレッシングは，静置しておくと油相が上に浮かんでくるので，よく振り混ぜてから使うことになる。これは，油の水への溶解度が低く，溶けきれなかった分が油相として存在しているのである。まさに「水と油」である。

　液体の混合は，2 種の液体の量の比だけでなく，温度にも依存する。代表的な例として，① 低温では任意の混合比で 1 相だが，ある温度以上では 2 相となる領

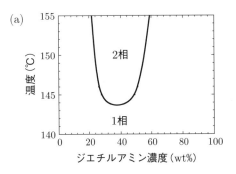
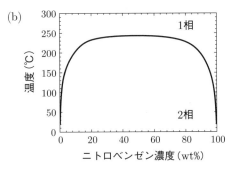

図 **6.6** 液体の相図
(a) ジエチルアミン–水混合物，(b) ニトロベンゼン–水混合物

域を有するもの，② 低温では 2 相となる領域があるが，ある温度以上では任意の混合比で 1 相となるもの，がある．例として，ジエチルアミン–水混合物，およびニトロベンゼン–水混合物の質量パーセント濃度および温度と相分離の関係を図 **6.6** に示す．このような図を一般に相図とよぶ．

6.2.3 気体の溶解

炭酸飲料は，水に二酸化炭素を溶け込ませたものである．炭酸飲料の容器のふたを開けると，溶けていた二酸化炭素が気体となって外へ出てくる．

一定圧力下における気体の溶解は，一般的な固体の溶解と異なり，温度が高いほど溶解度が低下する傾向がある．これは，温度が高いほど溶媒分子や溶質分子の熱運動が盛んとなり，溶質分子が液相から気相へ飛び出しやすくなるためである．

6.3 濃　　度

清涼飲料水のパッケージで「果汁 30％」などの表示を目にする．これは，この清涼飲料水に含まれる果汁の割合を表している．このように，溶液における**濃度**とは，溶液中に含まれる溶質の割合を示すものである．割合なので，溶液の量が変わっても，割合は変わらない．

溶液の濃度を表す際には，以下の 3 種類がよく用いられる（**表 6.1**）．

表 **6.1** 各濃度の違い

	容量モル濃度	質量モル濃度	質量パーセント濃度
溶質	1 mol	1 mol	1 g
溶媒	–	1 kg	99 g
溶液	1 dm^3	–	100 g
濃度	1 mol dm^{-3}	1 mol kg^{-1}	1％
	(=1 mol L^{-1}, 1 M)		(=1 wt％)

6.3 濃　　度

(1) **容量モル濃度**：溶液 $1 \mathrm{dm}^3$ （1 L）中に含まれる溶質の物質量を表す。単位は SI 単位系では $\mathrm{mol\,dm}^{-3}$ だが，$\mathrm{mol\,L}^{-1}$ や M（モラーと読む）もよく用いられる。単に「モル濃度」と言った場合は容量モル濃度を指す。

(2) **質量モル濃度**：溶媒 1 kg あたりの溶質の物質量を表す。単位は $\mathrm{mol\,kg}^{-1}$ である。溶液の温度が変化すると体積も変化するため，容量モル濃度の値が変わる。しかし質量は変化しないため，質量モル濃度の値は変わらない。このため，質量モル濃度は沸点上昇や凝固点降下（6.5.1 参照）など，温度変化を伴う過程を考える際に便利である。

(3) **質量パーセント濃度**：溶液の質量に対する溶質の質量の比を百分率で表す。記号としては％や wt％を用いる。理解がしやすく，また溶液調製が簡便になるため，実用的な単位として用いられる。

【例題 6.3】　11.7 g の塩化ナトリウムを水に溶かして 100 mL にした。この水溶液のモル濃度を求めよ。塩化ナトリウムのモル質量は $58.5 \mathrm{g\,mol}^{-1}$ とする。

> 答　モル濃度を求めるには，溶質（塩化ナトリウム）の物質量を質量とモル質量から求め，これを溶液の体積で割って 1 L あたりの物質量を求めればよい。
>
> $$\frac{11.7\ \mathrm{g}}{58.5\ \mathrm{g\,mol}^{-1} \times 0.100\ \mathrm{L}} = 2.00\ \mathrm{mol\,L}^{-1}$$

【例題 6.4】　11.7 g の塩化ナトリウムを 400 g の水に溶かした。この水溶液の質量モル濃度を求めよ。塩化ナトリウムのモル質量は $58.5 \mathrm{g\,mol}^{-1}$ とする。

> 答　質量モル濃度を求めるには，溶質（塩化ナトリウム）の物質量を溶媒（水）の質量で割ればよい。
>
> $$\frac{11.7\ \mathrm{g}}{58.5\ \mathrm{g\,mol}^{-1} \times 0.400\ \mathrm{kg}} = 0.500\ \mathrm{mol\,kg}^{-1}$$

【例題 6.5】　11.7 g の塩化ナトリウムを 38.3 g の水に溶かした。この水溶液の質量パーセント濃度を求めよ。

> 答　質量パーセント濃度を求めるには，溶質（塩化ナトリウム）の質量を溶液の質量で割って 100 をかければよい。
>
> $$\frac{11.7\ \mathrm{g}}{11.7\ \mathrm{g} + 38.3\ \mathrm{g}} \times 100 = 23.4\%$$

6.4 蒸気圧

6.4.1 蒸気圧とは

ガソリンスタンドの前を歩くと，ガソリンのにおいがする。これは，ガソリンを給油する際に，その一部が気化して空気中に漂うためである。また，住宅の外壁塗装工事の際に，不快な臭気に悩まされた経験をもつ人もあるだろう。塗料にはトルエンなどの有機溶媒が用いられるため，これらが気化するのである。

一般に，液体状態の物質の一部は気化して蒸気となる。気化が十分に起こり，気相中の蒸気濃度が一定であるときに，蒸気が示す圧力（分圧）を**蒸気圧**とよぶ。温度が高いほど，分子の熱運動が激しくなり，液相から気相に飛び出しやすくなる。よって，蒸気圧は温度が高いほど高くなる。

蒸気圧 p の温度依存性は式 (6.1) で表される。

$$\ln p = A - \frac{B}{T} \tag{6.1}$$

ここで T は熱力学温度，A と B は物質の種類に依存する定数である。

6.4.2 溶媒の蒸気圧

純物質ではなく，ある溶液の溶媒の蒸気圧を考えてみよう。溶液には溶媒に加えて溶質も含まれているので，溶液中の溶媒分子の割合は，純物質（全て溶媒分子）のときに比べて小さくなる。よって，気化する溶媒分子の数も純物質のときに比べて少なくなり，蒸気圧が下がる。

純物質の蒸気圧 p^* と溶媒 A の蒸気圧 p_A の間には，**ラウールの法則**が成立する。

$$p_A = x_A p^* \tag{6.2}$$

ここで x_A は溶媒のモル分率 *) である。式 (6.2) からも明らかなように，溶媒の蒸気圧は，純物質の蒸気圧より小さい。これを**蒸気圧降下**とよぶ。

ラウールの法則は，性質の似通った二種の液体物質の混合物では，ほぼすべての混合比において成り立つ。任意の混合比においてラウールの法則が成り立つ溶液を**理想溶液**とよぶ。例として，クロロホルム $CHCl_3$ と四塩化炭素 CCl_4 の混

*) 溶液中の溶媒の物質量を n_A，溶質の物質量を n_B とすると，

$$x_A = \frac{n_A}{n_A + n_B}$$

となる。また溶質のモル分率を x_B とすると，

$$x_B = \frac{n_B}{n_A + n_B}$$

となる。

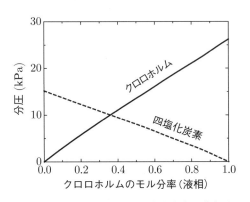

図 **6.7** クロロホルムおよび四塩化炭素の蒸気分圧

6.4　蒸気圧 61

合物の分圧を図 **6.7** に示す。クロロホルムおよび四塩化炭素の蒸気分圧はそれぞれモル分率に比例していることがよくわかる。

　ラウールの法則は常に成立するわけではない。例えば，性質の異なる物質の混合物の場合，溶質の濃度が高ければ，溶質と溶媒の相互作用が蒸気圧に与える影響は大きくなる。しかし，溶質の濃度が低ければ，相互作用の影響は小さくなり，理想溶液のようなふるまいをすると考えられる。この場合，溶媒の蒸気圧はラウールの法則でよく表される。言い換えれば，ラウールの法則は，溶質濃度が低い場合に近似的に成立する。

6.4.3　溶質の蒸気圧

　6.4.2 で，溶媒の蒸気圧がラウールの法則で表されることを見てきた。それでは，溶液中の溶質の蒸気圧は，モル分率とどのような関係をもつだろうか。

　ある揮発性物質が溶質として溶液に溶け，熱運動により気化する場合を考える。この場合にラウールの法則は，理想溶液でない限りは成立しない。なぜなら，溶媒分子は周りを同種の分子に囲まれている状態から気化するのに対し，溶質分子は周りを異種の分子に囲まれている状態から気化するためである。同種の分子を振り切って気化するのと，異種の分子を振り切って気化するのでは，同じ蒸気圧を示すという保証はない。しかし，気化する物質のモル分率には比例するであろうことは，直感的に予想できる。

　溶質 B の蒸気圧 p_B は，**ヘンリーの法則**で表される。

$$p_B = K'_H x_B \tag{6.3}$$

　ここで x_B は溶質 B のモル分率である。K'_H はヘンリーの法則の定数であり，溶質と溶媒の種類，および温度に依存する定数である。実用上は，溶質のモル分率ではなくモル濃度 $[B]$ を用いて表す方が便利であり，この場合に (6.3) 式は以下のように書き直される。

$$[B] = K_H p_B \tag{6.4}$$

　(6.4) 式の K_H は，当然のことながら，(6.3) 式の K'_H とは異なる値をとる。

　ヘンリーの法則は，溶質濃度が低い時に成り立つ。溶質濃度が高くなれば，「周りを異種の分子に囲まれる」という前提が成り立たなくなるためである。ヘンリーの法則が成立する溶液を**理想希薄溶液**とよぶ。

【**例題 6.6**】　大気中の二酸化炭素の分圧はおよそ 40 Pa である。大気と接触して平衡状態にある水中の二酸化炭素濃度を求めよ。二酸化炭素のヘンリーの法則の定数を $0.339 \; \text{mol m}^{-3} \, \text{kPa}^{-1}$ とする。

　　答　　$[CO_2] = 0.339 \; \text{mol m}^{-3} \, \text{kPa}^{-1} \times 40 \times 10^{-3} \; \text{kPa}$

　　　　　　　　$= 1.35 \times 10^{-2} \approx 1.4 \times 10^{-2} \; \text{mol m}^{-3}$

6.4.4 実際の溶液の蒸気圧

ここまで，溶媒および溶質の蒸気圧がモル分率に対してどう表されるかを見てきた。では，実際の溶液の蒸気圧はどのようにふるまうのだろうか。

クロロホルムとエタノールの混合物の蒸気圧を図 6.8 に示す。クロロホルムの蒸気の分圧は，クロロホルムのモル分率が 0 に近い条件ではヘンリーの法則に，逆に 1 に近い条件ではラウールの法則に従っていることがよくわかる。エタノールのモル分率が，このグラフ上では 1 から 0 へと変化していることを考えると，エタノールの蒸気圧も同様にヘンリーの法則およびラウールの法則に従っていることがわかる。

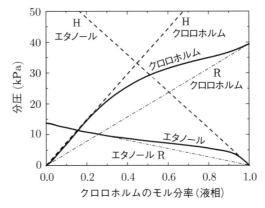

図 6.8 クロロホルムとエタノールの混合物の蒸気圧

図中の R，H はそれぞれ，ラウールの法則およびヘンリーの法則に従う直線を示している。

6.5 束一的性質 —— 溶質の数がおよぼす影響

6.5.1 沸点上昇と凝固点降下

沸騰とは蒸気圧が外気圧と等しくなり，液体の内部から気化が起こる状態である。沸騰が起こる温度を**沸点**とよぶ。溶液の沸点は，純溶媒の沸点よりも高くなる。この現象を**沸点上昇**とよび，溶液と純溶媒の沸点の差を**沸点上昇度**とよぶ。沸点上昇が起こるのは，6.4.2 で述べた蒸気圧降下が起こるためである。すなわち，純溶媒の沸点において，溶液が示す蒸気圧は純溶媒の蒸気圧より低い。したがって，蒸気圧を上げて沸騰を起こすには，さらに溶液を加熱する必要がある。

一方，溶液の**凝固点**は，純溶媒の凝固点よりも低くなる。この現象を**凝固点降下**とよび，溶液と純溶媒の凝固点の差を**凝固点降下度**とよぶ。凝固点降下が起こるのは，溶質が溶媒分子の凝固を阻害するためである。純溶媒の凝固点では，溶媒分子が結合して凝固する。しかし溶液においては，溶質は溶媒分子と引き合うから溶けているので，溶媒分子どうしが引き合うのを邪魔する。したがって，さらに温度を下げないと，凝固は起きない。冬場，雪の降る時期になると，路面の凍結を防ぐために塩化カルシウム $CaCl_2$ の白い粒がまかれるが，これは塩化カルシウムが路面の水に溶けることによって凝固点が下がる現象を利用している。

6.5 束一的性質——溶質の数がおよぼす影響

沸点上昇と凝固点降下は，溶質の種類にはよらず，溶媒の種類と溶液の質量モル濃度で決まる．溶液の質量モル濃度が小さい場合（おおよそ 0.1 mol kg^{-1} 以下），沸点上昇度および凝固点降下度はそれぞれ，溶液の質量モル濃度に比例する．この比例定数を**モル沸点上昇**および**モル凝固点降下**とよぶ．

【例題 6.7】 200 g の水に角砂糖（3.4 g のスクロースとする）を 1 個溶かした．この水溶液の沸点および凝固点は，純粋な水と比べて何°C 増減するか．水のモル沸点上昇を 0.51 K kg mol^{-1}，モル凝固点降下を 1.86 K kg mol^{-1}，スクロースのモル質量を 342 g mol^{-1} とする．

答 まず，スクロースの質量モル濃度を求める．

$$\frac{3.4 \text{ g}}{342 \text{ g mol}^{-1} \times 0.200 \text{ kg}} = 0.0497 \approx 0.050 \text{ mol kg}^{-1}$$

よって，沸点上昇度は

$$0.51 \text{ K kg mol}^{-1} \times 0.0497 \text{ mol kg}^{-1} = 0.0253 \approx 0.025 \text{ K}$$

となり，沸点は 0.025°C 高くなる．

凝固点降下度は

$$1.86 \text{ K kg mol}^{-1} \times 0.0497 \text{ mol kg}^{-1} = 0.0924 \approx 0.092 \text{ K}$$

となり，凝固点は 0.092°C 低くなる．

6.5.2 浸透圧

鶏肉に塩をふっておいておくと，かなりの量の水が出てくる．一方，キャベツの千切りを水にさらすと，キャベツが水を吸ってパリパリの食感になる．これらの水が出たり入ったりする現象は，どういった仕組みで起こるのであろうか．

あるサイズよりも小さな分子やイオンは通し，逆に大きなものは通さない膜を**半透膜**とよぶ．図 **6.9** に示すように，U 字管の真ん中に半透膜を取り付け，一方

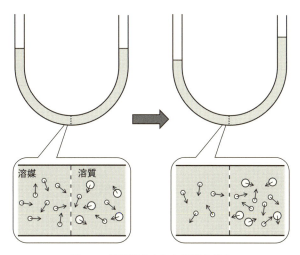

図 **6.9** 半透膜を介した溶液の動き

に純溶媒を，もう一方には膜を通り抜けることのできない溶質を含む溶液を，それぞれ高さが等しくなるように入れる。この時，溶媒分子はいずれの液中においても，3次元的に熱運動をしている。しかし，膜近傍の溶媒分子の動きを考えると，膜に衝突するように動く溶媒分子の数は，溶液よりも純溶媒中の方が多い。なぜなら，溶液中では溶質が存在する分だけ，「溶媒分子の濃度」が純溶媒に比べて下がっているためである。よって，全体としては溶媒分子が純溶媒から溶液側へと移動する。

　溶媒分子が純溶媒側から溶液側へ移動すると，純溶媒側の液面は下がり，逆に溶液側の液面は上がる。これを食い止めるには，溶液側の液面に一定の圧力をかけて，2つの液面の高さが等しくなるようにしなければならない。このために必要な圧力を**浸透圧**とよぶ。

　浸透圧の大きさは，溶液中の溶質濃度に依存すると考えられる。なぜなら，溶質分子が多いほど，純溶媒から溶液側へ移動する溶媒分子も多いためである。また，溶媒分子の動きは熱運動なので，浸透圧は温度が高いほど大きくなると考えられる。浸透圧 Π の大きさは**ファントホフの式**で与えられる。

$$\Pi = cRT \tag{6.5}$$

ここで c は溶質のモル濃度，R は気体定数，T は熱力学温度である。

　ここまで見てきたように，沸点上昇や凝固点降下，浸透圧は，溶質分子の数に起因する現象である。これらをまとめて**束一的性質**とよぶ。

6.5.3　電解質の束一的性質

　束一的性質は溶質の数がおよぼす影響なので，同じモル濃度であっても，溶質が非電解質の場合と電解質の場合とで影響が異なる。電解質の場合は，溶液中での電離に伴い粒子数が増える点を考慮する必要がある。例えば，塩化ナトリウム

コラム：水分補給の化学

　スポーツドリンクの浸透圧は，体液とおおよそ等しくなるように作られており，水分補給に適した飲料として広く知られている。しかし，浸透圧の原理に基づいて考えると，溶媒分子（すなわち水分子）は，浸透圧の低い方から高い方へと移動するので，浸透圧が等しいと水分子は移動しない。したがって，スポーツドリンクを飲んでも水は吸収されず，真水の方がよく吸収されることになる。あれ，何だかおかしいぞ。

　この疑問を解く鍵は，体液中のイオンの濃度が維持されるしくみにある。汗をかいて水分を失うとき，同時にナトリウムイオンや塩化物イオンも失われる。ここで真水を飲むと，水分量は元に戻るが，ナトリウムイオンや塩化物イオンは補給されないので，体液が薄まった状態になる。すると，体液を元の濃さに戻すために，尿として水分が出るので，再び水分不足となる（これを自発的脱水とよぶ）。これに対し，スポーツドリンクには種々のイオンが含まれているので，飲んでも体液が薄まるのを抑えることができる。ゆえに，自発的脱水も抑えられるので，結果として効率のよい水分補給ができる。

が水に溶けて完全に電離すると，粒子数は 2 倍になるので，モル濃度も倍になっているとして扱う必要がある。

6章　章末問題

6.1　0.90 %塩化ナトリウム水溶液のモル濃度，および 37°C における浸透圧を求めよ。塩化ナトリウムのモル質量は 58.5 g mol^{-1}，気体定数 $R = 8.31$ J K^{-1} mol$^{-1} = 8.31 \times 10^3$ Pa L K^{-1} mol^{-1}，水溶液の比重は 1 とする。なお，この水溶液は生理食塩水とよばれ，浸透圧が体液とほぼ等しくなる。

6.2　硫酸銅 CuSO$_4$ の水への溶解度は，80°C で 56.0，10°C で 17.0 である。また，硫酸銅の飽和水溶液を冷却すると，硫酸銅の五水和物 CuSO$_4$·5H$_2$O が析出する。200 g の水に 80°C で硫酸銅を溶かして飽和水溶液としたのち，10°C まで冷やして得られる析出物は何 g か。硫酸銅および水のモル質量をそれぞれ 160 g mol^{-1}，18 g mol^{-1} とする。

6.3　海水を含んだ水着は，真水を含んだ水着より乾きにくい。理由を考察せよ。

6.4　500 g の水にある物質を 3.6 g 溶かして冷やしたところ，−0.075°C で凝固した。この物質のモル質量を求めよ。水のモル凝固点降下を 1.86 K kg mol^{-1} とする。

7 酸・塩基と化学平衡

7.1 酸および塩基とは

 酸に関する話しとして身近なものをあげてみると，食酢がその代表的なものである。食酢には，酢酸（CH_3COOH）とよばれる酸が 5 ％前後（質量パーセント濃度）含まれており，独特の酸味（酸っぱさ）が調味料として重宝され，食料品の防腐剤やトイレのアンモニア臭の消臭などにも利用されている。また，体の胃内部に存在する胃酸の主成分は塩酸（HCl（aq））とよばれる酸である。食酢と同じように胃酸にも酸味があり，酢酸や塩酸といった物質には酸味という共通点がある。一方，酸の化学的な特徴として，水溶液中で水素イオン（H^+）を出す物質が酸である。塩酸を例に考えてみると，塩化水素（HCl（g））は水に溶けて塩酸となるが，水溶液中では以下のように電離している。

$$HCl(g) \longrightarrow HCl(aq) \longrightarrow H^+(aq) + Cl^-(aq)$$

塩化水素が水に溶け，塩酸中では水素イオンを出すことから，塩酸は酸ということになる。このように酸が示す性質のことを**酸性**とよぶ。

 酸の話しをした場合，対となる塩基の話しも理解する必要がある。塩基として身近なものをあげると，排水管洗浄剤が該当する。排水管洗浄剤には，水酸化ナトリウム（$NaOH$）が含まれており，油汚れを落とすのに効果的な物質である。塩基は，水に溶けて水溶液となった際，水酸化物イオン（OH^-）を出す物質が塩基である。水酸化ナトリウムを例に考えると，水酸化ナトリウムは水溶液中で以下のように電離している。

$$NaOH(s) \longrightarrow Na^+(aq) + OH^-(aq)$$

水酸化ナトリウムは水に溶けると水酸化物イオンを生成することから，水酸化ナトリウムは塩基ということになる。このように塩基が示す性質のことを**塩基性**とよぶ。一方で，塩基の中でも水に溶けやすい物質はアルカリといい，アルカリが示す性質のことを**アルカリ性**とよぶこともある。なお，酸性や塩基性（アルカリ性）の中間の状態を示す性質のことを**中性**とよぶ。

7.2 pH（ピーエイチ）とは

 pH（ピーエイチ）は水素イオン指数ともよばれ，溶液の酸性・中性・塩基性（アルカリ性）を数値として判別できる重要な指標であり，水質環境基準の指標の一つでもある。7.1 節で述べた水素イオン濃度 $[H^+]$ と pH との間には以下のよ

*) 物質の状態である固体，液体，気体はそれぞれ solid（固体），liquid（液体），gas（気体）の頭文字を取って，(s)，(l)，(g) と添えることがある。なお，(aq) はラテン語の aqua（水）の略で，溶媒に多量の水が用いられていることを表している。例えば，H^+(aq) は水溶液中の H^+ を表している。

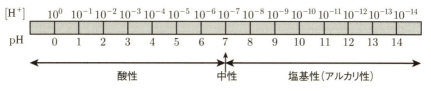

図 7.1 水素イオン濃度（mol L^{-1}）と pH との関係

うな関係が存在する。

$$\mathrm{pH} = \log_{10}\frac{1}{[\mathrm{H}^+]} = -\log_{10}[\mathrm{H}^+] \tag{7.1}$$

(7.1) 式から，水溶液中の水素イオン濃度が大きくなると pH は小さくなり，逆に水素イオン濃度が小さくなると pH は大きくなることがわかる。したがって，pH と水素イオン濃度の大小関係は図 7.1 のように逆になることがわかる。

ところで，水はわずかではあるが電離しており，純粋な水分子 1 個から水素イオン 1 個と水酸化物イオン 1 個が生成することになる。このため，水の電離により生成する水素イオンと水酸化物イオンの各濃度は厳密に一致しており，それらの濃度は互いに 1.0×10^{-7} mol L^{-1} となる *)。このような状態を中性とよび，pH7 の水溶液が中性溶液となる。したがって，pH が 7 よりも小さい水溶液は酸性溶液であり，pH が 7 よりも大きい水溶液は塩基性溶液となる。つまり，pH7 が酸性溶液か塩基性溶液かの境目ということになる。

また水素イオン濃度と水酸化物イオン濃度との積により次の式が成り立つことになり，ここで得られた数値は常に一定である。

$$[\mathrm{H}^+][\mathrm{OH}^-] = 1.0 \times 10^{-14} \ (\mathrm{mol\ L^{-1}})^2 \tag{7.2}$$

この関係から，水溶液中の水素イオン濃度がわかれば水酸化物イオン濃度が算出でき，またその逆も可能である。(7.2) 式より，極めて強い酸や塩基を除く場合，水溶液の pH は 0 から 14 の範囲で示すことができる。市販の pH メーターでは概ね pH0〜14 が測定範囲として設定されており，pH0〜14 の範囲外は，参考値（保証範囲外）として表示されている。

*) これは 25°C での値である。これより温度が低いと小さくなり，高いと大きくなる。

7.3 アレニウスの酸および塩基とは

スウェーデンの科学者アレニウス（Arrhenius, S.A.）は，酸および塩基に共通する性質と化学構造との関係を示した。アレニウスの酸・塩基は，物質が水に溶けて解離した際，水素イオンを放出するものが酸，一方で水酸化物イオンを放出するものが塩基とそれぞれ定義した。この定義に当てはまる例として，例えば塩酸（HCl）は酸として，水酸化ナトリウム（NaOH）は塩基と定義できる。

7.4 酸および塩基の価数とは

酸や塩基には価数という概念が存在する。これはイオンの価数（元素の原子価）と同じ考え方である。1個の酸が電離して放出できる水素イオンの数のことを酸の価数とよぶ。例えば，1個の硫酸（H_2SO_4）は (7.3) 式のように電離して最終的に水素イオンを2個放出するため，硫酸は2価の酸である。

$$H_2SO_4 \longrightarrow 2H^+ + SO_4{}^{2-} \tag{7.3}$$

2価以上の酸のことを多価の酸とよぶ。多価の酸は多段階で電離する。硫酸も実際には2段階の電離をして，全体として (7.3) 式で記述できる。

また1個の塩基が電離して生成する水酸化物イオンの数，もしくは塩基が受け取ることができる水素イオンの数のことを塩基の価数とよぶ。水酸化カリウム（KOH）は1価の塩基，水酸化マグネシウム（$Mg(OH)_2$）は (7.4) 式のように電離して最終的に2個の水酸化物イオンを生成するので，2価の塩基である。

$$Mg(OH)_2 \longrightarrow Mg^{2+} + 2OH^- \tag{7.4}$$

一方，アンモニア（NH_3）は (7.5) 式のように水溶液中で水素イオンを受け取りアンモニウムイオン（$NH_4{}^+$）が生成するので，1価の塩基となる。

$$NH_3 + H_2O \longrightarrow NH_4{}^+ + OH^- \tag{7.5}$$

表 7.1 に，主な酸および塩基の価数をまとめた。

表 7.1 主な酸および塩基の価数

酸の価数	化学式	化合物
1価	HCl	塩酸
	HNO_3	硝酸
	CH_3COOH	酢酸
	HBr	臭化水素酸
2価	H_2SO_4	硫酸
	H_2CO_3	炭酸
3価	H_3PO_4	リン酸
	H_3BO_3	ホウ酸

塩基の価数	化学式	化合物名
1価	NaOH	水酸化ナトリウム
	KOH	水酸化カリウム
	NH_3	アンモニア
2価	$Mg(OH)_2$	水酸化マグネシウム
	$Ca(OH)_2$	水酸化カルシウム
3価	$Al(OH)_3$	水酸化アルミニウム

7.5 酸および塩基の強弱とは

酸や塩基には強さや弱さを決める尺度が存在するが，これらを容易に想像することは難しい。これら強弱は酸および塩基といった各物質に特有の値として定義できることから，各物質の濃度とは無関係である。すでに学んだように，酸や塩基はアレニウスの酸・塩基の定義から，水素イオンを放出したり受け取ったりといった，水素イオンの移動が関連している。この移動する能力の強弱を酸および塩基の強さとして考えることにより理解できる。例えば，水素イオンを放出する能力が高い酸は強い酸として扱い，逆にその能力が低い酸は弱い酸となる。一

方，強い塩基は水素イオンを受け取る能力が高いものを指し，それを受け取る能力が低いものは弱い塩基として振る舞う。酸および塩基の強弱を表す尺度を数値として表現するために，酸解離定数（K_a）および塩基解離定数（K_b）を活用する。まずは酸解離定数について考えることにする。

塩酸が水中で電離した場合，(7.6) 式で示すことができる。

$$HCl(aq) + H_2O(l) \Longleftrightarrow H_3O^+(aq) + Cl^-(aq) \qquad (7.6)$$

塩酸が水溶液中で電離すると，オキソニウムイオン（H_3O^+）と塩化物イオン（Cl^-）となり，イオン化していない酸はほとんどないと考えることができる。この場合，塩酸は強い酸（強酸）であるといえる。(7.6) の化学反応式の平衡定数を酸解離定数（K_a）と認識すると，K_a は (7.7) 式のように示すことができる。

$$K_a = \frac{[H_3O^+][Cl^-]}{[HCl][H_2O]} = \frac{[H^+][Cl^-]}{[HCl]} \qquad (7.7)$$

ここで示された K_a の値は，酸が水素イオンを放出する能力を表しており，酸の強弱を示す指標になる。つまり，K_a の値が大きいほどその酸は強いことを示し，逆に K_a の値が小さいほどその酸は弱いことになる。一般的に K_a の値が 1 を越えれば強い酸といえるが，強い酸と弱い酸の明確な区別は難しい側面もあるのが現状である。一方，硫酸やリン酸のように酸解離定数が複数表示される物質も存在する。これらの酸は，多段階で酸が解離することからそれぞれの化学反応式に応じて酸解離定数を表示しており，例えばリン酸の解離では 3 段階の酸解離定数が示されており，それら（K_{a1}, K_{a2}, K_{a3}）はそれぞれ異なっている。

$$H_3PO_4 \xleftrightarrow{K_{a1}} H^+ + H_2PO_4^-$$

$$H_2PO_4^- \xleftrightarrow{K_{a2}} H^+ + HPO_4^{2-}$$

$$HPO_4^{2-} \xleftrightarrow{K_{a3}} H^+ + PO_4^{3-}$$

水酸化ナトリウム（NaOH）が水に溶けた場合，(7.8) 式で示すことができる。

$$NaOH(s) + H_2O(l) \rightleftarrows Na^+(aq) + OH^-(aq) + H_2O(l) \qquad (7.8)$$

塩基としての強弱は，酸の時と同様に考えると，(7.8) 式の化学反応式の平衡定数を塩基解離定数（K_b）とすると，K_b は (7.9) 式のようになる。

$$K_b = \frac{[Na^+][OH^-]}{[NaOH]} \qquad (7.9)$$

水酸化物イオンの濃度上昇に伴い，溶液中の水素イオン濃度が低下することから，塩基の強弱は放出される水酸化物イオンの濃度に依存し，強い塩基であれば溶液中の水素イオン濃度を低下させる能力が強いと考えることができる。一般的に K_b の値が大きいほどその塩基は強く，K_b の値が小さいほど弱い塩基となる。

7.6 電離度とは

電離度（α）は，酸または塩基が溶液中において電離した際の程度を表すものである。したがって，(7.10) 式で示すことができる。

$$電離度 (\alpha) = \frac{電離した酸（塩基）の物質量 (mol)}{溶解した酸（塩基）の物質量 (mol)} \tag{7.10}$$

(7.10) 式より，電離度（α）は $0 < \alpha \leqq 1$ の値を取ることになる。強酸の電離度を考えると，水溶液中で強酸はほぼ完全に電離している。このため，例えば 0.1 $\mathrm{mol\,L^{-1}}$ の塩酸中の水素イオン濃度は，塩酸がほぼ完全に電離して水素イオンと塩化物イオンとなっており，水素イオン濃度は水溶液に溶けた塩化水素と同じ 0.1 $\mathrm{mol\,L^{-1}}$ となる。

　一方，酢酸（CH_3COOH）に代表される弱酸は，水溶液中でそのすべてが完全に電離せず，多くが酢酸のまま水溶液中に存在している。こういった場合には，電離度を考慮して溶液中の水素イオン濃度を算出し，pH に反映させる必要がでてくる。

　なお電離度は，仮に同じ物質であっても濃度や温度により電離度は変化することがあるので，注意が必要である。

7.7　緩衝溶液とは

　卵を地面に落とすと，高い確率で卵は割れてしまう。しかし，スポンジのような衝撃吸収材を地面に敷いたところに卵を落とすと，卵が割れる確率が大幅に減る。これは，卵が地面に接触した際の衝撃をやわらげる緩衝作用をスポンジがもつためである。

　実は溶液の pH も，外部要因（溶液の pH と極端に異なる pH である別の溶液を入れたりした場合など）によって変化することをやわらげる性質（緩衝作用）をもつ溶液が存在し，その溶液を**緩衝溶液**とよんでいる。緩衝溶液は，特に溶液 pH の影響を受ける実験において活用されることが多い。例えば，水に希硫酸をたった 1 滴加えるだけでも，水の pH は大きく変化してしまう。このような急激な pH 変化は，実験においては致命傷になることもあるため，pH に対して敏感な実験ではしばしば緩衝溶液を用いておくことで，pH の急激な変化を防ぐことができる。pH の緩衝作用については，酸・塩基の反応を利用する。一般的に，弱酸とその塩，もしくは弱塩基とその塩を組み合わせた混合溶液が緩衝溶液として作用する。

　弱酸の酢酸と酢酸ナトリウムの緩衝溶液を例に，その緩衝作用を考えてみると，酢酸は電離度が低いため，ほとんどは酢酸分子として存在している。

$$CH_3COOH \rightleftharpoons CH_3COO^- + H^+$$

一方で，酢酸ナトリウムを水に溶かした場合，酢酸ナトリウムはほぼ完全に電離する。

$$CH_3COONa \rightleftharpoons CH_3COO^- + Na^+$$

酢酸と酢酸ナトリウムがこのように電離することを考慮して，酢酸水溶液に酢酸ナトリウムを溶解させると，酢酸イオン（CH_3COO^-）の濃度が増加することから酢酸の平衡反応は左向きに移動することになり，水素イオンの濃度は低くな

る。このため，この混合溶液中には酢酸イオンと酢酸が多量に存在することになる。この状態下で少量の強酸を加えたとしても，強酸の電離により生成した水素イオンは酢酸イオンと反応して酢酸になってしまうので，溶液内で水素イオンはほとんど増えないことになる。一方で，この混合溶液中に少量の強塩基を加えた場合，強塩基の電離により生じた水酸化物イオンは，混合溶液中の酢酸と反応するため，溶液内で水酸化物イオンはほとんど増えないことになる。このような作用を活用することで，強酸や強塩基による急激な pH の変化をやわらげることが可能になる。

7.8 化学平衡について

化学反応では，反応物と生成物がある一定の割合となったとき，見かけ上化学反応が進行しなくなることがある。この状態を**化学平衡状態**という。

水素とヨウ素の混合気体を高温の密閉容器中で反応させると，それら一部が反応してヨウ化水素が生成する。

$$H_2 + I_2 \longrightarrow 2HI \tag{7.11}$$

一方で，ヨウ化水素だけを密閉容器中に入れて高温にすると，ヨウ化水素の一部が分解して水素とヨウ素が生成する。

$$2HI \longrightarrow H_2 + I_2 \tag{7.12}$$

これらは，ヨウ化水素が生成する反応 (7.11) と水素とヨウ素が生成する反応 (7.12) が同時に起こることを意味しており，このようにどちらの方向にも進む化学反応を可逆反応という。可逆反応における化学反応式では，$\rightleftarrows$ の記号を用いて表現 (7.13) 式のように表わし，右向きに進む反応を正反応，逆に左向きに進む反応を逆反応とよんでいる。

$$H_2 + I_2 \mathop{\rightleftarrows}^{\text{正反応}}_{\text{逆反応}} 2HI \tag{7.13}$$

また，過酸化水素の分解反応（不均化反応）では，正反応が主として起こるため，逆反応は無視できる。このように一方向にのみ進む化学反応を**不可逆反応**という。不可逆反応における化学反応式では，反応が進行する方向の矢印記号を用いて表わす（(7.14) 式)。

$$2H_2O_2 \longrightarrow 2H_2O + O_2 \tag{7.14}$$

化学平衡状態において，正反応の反応速度（V_1）と逆反応の反応速度（V_2）は実質的に等しくなる（$V_1 = V_2$）。このような状態では，化学反応は見かけ上止まっているように見える。しかし実際は，正反応も逆反応も進行していて，V_1 も V_2 も 0 ではない。例として，水素とヨウ素との反応でヨウ化水素が生成する反応を考えてみる。水素とヨウ素をそれぞれ同濃度になるように密閉容器中に入れて高温に保つと，正反応と逆反応の反応速度は (7.15) 式のように表される。

$$V_1 = k_1[H_2][I_2], \qquad V_2 = k_2[HI]^2 \tag{7.15}$$

ここで，正反応の反応速度（V_1）は，反応開始時の最初の水素とヨウ素の濃度が最も大きいが，反応の進行に伴い水素とヨウ素の濃度は小さくなる。一方で，逆反応の反応速度（V_2）は，反応開始時はヨウ化水素は存在していないので 0 であるが，正反応の進行に伴いヨウ化水素の濃度が大きくなるので，次第に大きくなっていくことになる。そしてある時間が経過したところで，V_1 と V_2 が等しくなり，化学平衡状態に達する。

次に化学平衡を議論する上で，平衡定数を把握することができる。化学反応の平衡定数がわかれば，仮に反応物の濃度が異なる系においても，計算により平衡状態での物質の濃度が算出できるため，目的とする物質を高効率でより多く生成させるための実験条件の検討などで活用される。水素やヨウ素，ヨウ化水素を異なる割合で混合して反応させても，温度が一定であるなら化学平衡状態での生成物の濃度の積を反応物の濃度の積で割った値は，ほぼ一定の値となっている。この値を K としたとき，K を化学平衡状態の平衡定数という。水素とヨウ素との反応でヨウ化水素が生成する反応を例に取ると，平衡定数 K は以下の (7.16) 式のように示される。

$$K = \frac{[\text{HI}]^2}{[\text{H}_2][\text{I}_2]} \tag{7.16}$$

一般に，可逆反応が (7.17) 式で示される場合，化学平衡時の各物質の濃度との関係は (7.18) 式で表すことができる。

$$\text{aA} + \text{bB} + \cdots \Longleftrightarrow \text{cC} + \text{dD} + \cdots \tag{7.17}$$

$$K \,(\text{一定}) = \frac{[\text{C}]^c[\text{D}]^d \cdots}{[\text{A}]^a[\text{B}]^b \cdots} \tag{7.18}$$

(7.18) 式は，それぞれの反応物濃度の積を分母に，それぞれの生成物濃度の積を分子に配置して計算した化学平衡定数（K）が一定であることを示している。この関係を化学平衡の法則，または質量作用の法則とよんでいる。平衡定数 K は，反応の種類や温度によって異なることがあるが，1 つの化学反応について温度が一定であれば一定の値をとることになる。

化学平衡の移動については，反応系の物質の濃度や温度，圧力などの条件を変化させることで，条件の変化を妨げる方向に反応が移動して新しい平衡状態になる。このことを，**ルシャトリエの原理**という。例えば，水素とヨウ素からヨウ化水素が生成する化学反応が平衡状態にあるとしたとき，より多くのヨウ化水素を生成させようとした場合には，化学反応を右向きに進める必要がある。ルシャトリエの原理では，条件の変化を妨げる方向に平衡反応が移動するため，ヨウ素や水素の濃度を大きくすると，化学反応を右向きに進めることができるようになる。また，反応系の温度を高めることで吸熱反応の方向に平衡は移動し，反応系の圧力を上げることで気体の分子数が減る方向に平衡は移動する。

7章 章末問題

7.1 硝酸の電離を示す式を答えよ。

7.2 塩酸中の塩化水素の電離度が 1.0 であるとして，1.0×10^{-3} mol L^{-1} の塩酸の pH を答えよ。

7.3 0.0010 mol L^{-1} の酢酸水溶液の pH を答えよ。なお，酢酸の電離度は 0.010 として計算しなさい。

7.4 次の (a)〜(h) の化学式で示される化合物は酸および塩基のいずれか答えよ。またそれぞれの価数を答えよ。

    (a) HI   (b) H_2S (c) $(COOH)_2$ (d) H_3PO_4 (e) KOH

    (f) $Cu(OH)_2$ (g) $Ba(OH)_2$ (h) $Fe(OH)_3$

7.5 水素（H_2）2.0 mol とヨウ素（I_2）2.0 mol を 10 L の容器に入れ，ある温度に保つと，ヨウ化水素（HI）が 1.5 mol 生じて平衡状態となった。この温度における平衡定数 K を求めよ。

8 酸化還元反応と化学反応の速さ

　　スーパーやコンビニで牛乳を買って，ついつい賞味期限が過ぎてしまった
という経験はないだろうか？ 部屋の壁に貼ってあったポスターが色褪せてし
まった経験はないだろうか？ 化粧品や薬などの消費期限が過ぎてしまったこ
とはないだろうか？ このように，物は劣化していくものだという感覚をすで
に当たり前のように持っていると思う。また，劣化の早いものや遅いものが存
在すること，つまり劣化の速度は物によって違うことも感覚的に理解している
だろう。そして，その劣化の速度は温度が高いと上昇し，温度が低いと遅くな
ることを理解しているだろう。理解しているから，冷蔵庫にしまっておこうと
いう発想が自然に生まれてくるのであろう。

　　この章では，皆さんが感覚的に理解している身の回りで起こる化学反応の速
度について，科学的な説明ができるようになることを目的とする。

8.1　酸化還元反応

8.1.1　酸化と還元

　酸化還元反応は，電子のやり取りを伴う化学反応のことである。私たちの身の
回りで起こる多くの化学反応は，酸化還元反応に分類される。そのため，酸化還
元反応の基本的な考え方を学ぶことは，身の回りで起こる化学反応を理解するう
えで重要である。酸化還元反応は酸化と還元から成り，酸化と還元は常に同時に
起こる。

　　酸化と還元を理解するためには，電子，酸素，水素に着目するとよい。まず，
電子に注目した場合，酸化とは電子を失うこと，還元とは電子を得ることと定義
できる。下記の反応を例に説明する。

$$2Cu + O_2 \longrightarrow 2CuO \tag{8.1}$$

反応式 (8.1) の生成物である CuO を Cu^{2+} と O^{2-} から成っていると考えると，
Cu はもともと電気的に中性であったが，反応により 2 価の陽イオンとなったた
め，Cu はこの反応により電子を失ったことになる。一方，O_2 は 2 価の陰イオン
となったため，O_2 はこの反応により電子を得たといえる。そのため，電子に着
目した酸化と還元の定義より，Cu は酸化され，O_2 は還元されたといえる。

　　次に，酸素に注目した場合では，酸化とは酸素原子を得ることであり，還元と
は酸素原子を失うことと定義できる。

$$CuO + H_2 \longrightarrow Cu + H_2O \tag{8.2}$$

例えば，反応式 (8.2) では，Cu はこの反応により酸素原子を失い，H_2 は酸素原子を得たことになる。そのため，酸素に着目した酸化と還元の定義によれば，Cu は還元され，H_2 は酸化されたことになる。

最後に，水素に注目した場合では，酸化とは水素原子を失うことであり，還元とは水素原子を得ることと定義できる。

$$2H_2S + O_2 \longrightarrow 2S + 2H_2O \tag{8.3}$$

反応式 (8.3) の場合，S は水素原子を失い，O_2 は水素原子を受け取ったことになる。そのため，水素に着目した酸化と還元の定義により，S は酸化され，O_2 は還元されたといえる。

8.1.2 酸 化 数

酸化数とは，酸化還元反応を理解するために重要な電子の受け渡しをはっきりさせるのに便利な考え方であり，化学反応に関係する原子ごとに，その原子がどれくらい酸化されているかを定量的に表す数値である。酸化数の求め方には以下のルールがある。

(1) 単体の酸化数は 0 とする。

(2) 化学物質中の水素原子の酸化数を +1，酸素原子を −2 と定義し，化学物質のすべての元素の酸化数の総和は 0 とする。

(3) 単原子イオンの酸化数は，イオンの電荷と等しい。

(4) 多原子イオンを構成する各原子の酸化数の総和は，その多原子イオンの電荷と等しい。

(5) アルカリ金属およびアルカリ土類金属の酸化数は，それぞれ+1，+2 とする。

以上のルールに従えば，酸化数が計算できる。例えば H_2O の場合，ルール (2) から，H の酸化数は +1，O の酸化数は −2 となる。H が 2 つあることを考えると，H_2O を構成するすべての原子の酸化数の総和は，$1 \times 2 + (-2) = 0$ となり，ルール (2) を満たしていることがわかる。この酸化数が，反応の前後で増えたか（酸化），減ったか（還元）を確認することで，その注目している原子が，酸化されたか還元されたかを判断することができる。ただし，酸化数のルールには例外もあるので気を付ける必要がある。

8.1.3 酸化剤と還元剤

化学反応において，反応する相手の化学物質を酸化する物質を**酸化剤**といい，逆に還元する化学物質を**還元剤**という。ここで気を付けなければならないことは，これらの分類は化学物質ごとに一義的に決まるものではなく，反応する相手により変化することである。つまり，ある化学物質が酸化剤として働く場合もあれば，還元剤として働く場合もあるということである。身近な例に例えるならば，熱エネルギーを電子に例え，40°C のお湯をある化学物質と例えるとする。このお湯（ある化学物質）は，10°C の水（反応相手 A）に加えるのであれば，その水の温度を上げる働き（還元）をするが，80°C のお湯（反応相手 B）に加え

ると，温度を下げる働き（酸化）をする。つまり，40℃のお湯（ある化学物質）は，水を温めたり（還元），逆に冷ましたり（酸化）することもできるが，それは相手の水の温度（物性）によって決まる。

8.1.4　酸化還元電位

　上記の例え話の温度に相当する，ある化学物質が酸化剤として働くか還元剤として働くかを決定する物性を**酸化還元電位**という。酸化還元電位は，化学物質ごとに決まっている**標準酸化還元電位**と，酸化還元電位に対する温度や濃度の影響を考慮する項の和で計算される。反応する2つの化学物質の酸化還元電位を比較し，数値が大きい方の化学物質が酸化剤として働き，小さい方が還元剤として働く。

　酸化還元電位を身近な話に例えてみる。スポーツなどの勝負事をするとき，昨日は友達に勝てたのに，今日は調子が悪いので負けてしまったということはないだろうか。これは，実際の勝負の勝ち負け（酸化するか還元するか）は，その人の平均的な実力（標準酸化還元電位）に加え，その時の体調や気分などの要因（温度や濃度に対する補正）を考慮して，最終的に決まるからである。

　以上を式に表すと下記のようになり，この式を**ネルンストの式**という。

$$E_a \text{ または } E_c = E° + \frac{RT}{nF} \log \alpha \tag{8.4}$$

ここで，E_a は**アノード**（酸化反応が起きる方の電極）で起きる反応の酸化還元電位（アノード電極電位），E_c は**カソード**（還元反応が起きる方の電極）で起きる反応の酸化還元電位（カソード電極電位），$E°$ は標準酸化還元電位，R は気体定数，T は温度，n は反応に関わる電子の数，F はファラデー定数[*]，α は反応に関与する化学物質の濃度にかかわる量である。右辺の第2項が，温度や濃度に対する補正のための項である。

[*] 電子 1 mol が持つ電気量の絶対値

$$F = e \times N_A$$

e：プロトンの電荷
　（電子の電荷の絶対値）
N_A：アボガドロ定数

8.1.5　電池と電気分解

　金属元素のイオン化のしやすさ（標準酸化還元電位）順に並べたものを，金属の**イオン化傾向**とよぶ（図8.1）。ただし，このイオン化傾向は標準状態での酸化還元電位（標準酸化還元電位）の順に並べてあるため，実際は，そのときの条件（温度や濃度）によって順番が入れ替わる場合もあるので気を付ける必要がある。
　電解液（電気を通す水溶液）中に，イオン化傾向の異なる2種の金属板（電極）を浸し，それらを導線でつないだ場合，**電池**が形成する。電池は，化学エネルギーを電気エネルギーとして取り出す仕組みである。例えば，輪切りにしたレモンなどの柑橘系の果物に，鉄板や銅板，亜鉛板などの2種の金属板を刺し，それらを導線でつなげれば，果物電池が完成する。この電池の電圧は，下記の式に

Li　K　Ca　Na　Mg　Al　Zn　Fe　Ni　Sn　Pb(H₂)　Cu　Hg　Ag　Pt　Au

◀━━イオン化傾向高い　　イオン化傾向低い━━▶

図8.1　金属のイオン化傾向

より計算でき，**起電力** E という。

$$E = E_c - E_a \tag{8.5}$$

この起電力から，この反応におけるギブズエネルギー[*]の変化量 ΔG を求めることができる。

*) 11 章の 11.4 節を参照

$$\Delta G = -nFE \tag{8.6}$$

ここで，E は起電力，n は反応に関わる電子の数，F はファラデー定数である。ギブズエネルギーの変化量が負（マイナス）の場合，その反応は自発的に起こるため，n と F が正（プラス）の値しかとらないことを考えると，起電力が正である場合，その反応は自発的に起こるということになる。

電池の場合とは反対に，電気エネルギーを加えることにより，化学反応を起こすプロセスを**電気分解**という。例えば，鉛筆の芯（黒鉛）を電極として用い，乾電池をいくつか直列に連結し，連結した乾電池の両端と 2 つの電極をそれぞれ導線でつなぐ。この 2 つの電極を水に浸せば，水が電気分解し，水素ガスと酸素ガスが生成する。水素ガスは爆発しやすいので，取扱いには十分に気を付ける必要がある。

8.2 反応速度論

8.2.1 反応速度式

化学反応により化学物質の濃度が変化する速度を**反応速度**という。例えば，0 分（反応開始）から 10 分になるまでの時間で，化学物質 A の濃度が初期濃度 5 mg L^{-1} から 7 mg L^{-1} に増加した場合の反応速度は，

$$\frac{(7 \text{ mg L}^{-1} - 5 \text{ mg L}^{-1})}{(10 \text{ min} - 0 \text{ min})} = \frac{2 \text{ mg L}^{-1}}{10 \text{ min}} = 0.2 \text{ mg L}^{-1} \text{ min}^{-1} \tag{8.7}$$

と計算できる。この式の 1 番左にある分数の分子と分母にある括弧は，後の状態（10 分後）から，初期の状態（0 分）との差（変化量）を計算している。この差は，数学的には Δ（デルタ）で表現することができる。ここで，反応速度を v，化学物質 A の濃度を C，時間を t とすると，先ほどの式は以下のように表すことができる。

$$v = \frac{\Delta C}{\Delta t} = \frac{(7 \text{ mg L}^{-1} - 5 \text{ mg L}^{-1})}{(10 \text{ min} - 0 \text{ min})} = \frac{2 \text{ mg L}^{-1}}{10 \text{ min}} = 0.2 \text{ mg L}^{-1} \text{ min}^{-1}$$
$$\tag{8.8}$$

この 0.2 mg L^{-1} min^{-1} は，10 分間という時間で変化した濃度から求めた値であるが，この間，反応速度が一定であったとは限らない。例えば，**図 8.2** に示すように，この反応の濃度の時間変化の仕方は 1 通りではなく，さまざまな場合が考えられる。この両点（時刻 0 分と時刻 10 分においてのそれぞれの濃度を示す点）を直線で結んだ場合が，反応速度が 0.2 mg L^{-1} min^{-1} であり，反応時間中，濃度の変化の速度が一定であった場合であり，上に膨らんだ曲線の場合は，最初に急激に濃度が変化し，その後ゆっくり濃度が変化するようになった場合であり，

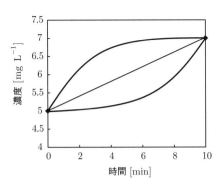

図 8.2 反応速度が $0.2\ \text{mg L}^{-1}\ \text{min}^{-1}$ の濃度変化の例

下側に膨らんでいる場合はその逆である．しかし，この 0 分と 10 分の点だけから反応速度を計算すると，求められるのは，その時間における平均的な反応速度となる．瞬間瞬間の反応速度を求めるためには，細かい時間間隔で反応速度を計算する必要がある．計算の時間間隔を無限小とすると，有限小を意味する Δt から無限小を意味する dt と表記が変化する．それに応じ，ΔC は dC となる．

8.2.2 反応速度式の作り方

以下の反応式を例に，反応速度式の作り方について説明する．

$$A + B \longrightarrow C + D \tag{8.9}$$

まず，この反応式の意味は，化学物質 A と B が 1 mol ずつ反応して，化学物質 C と D が 1 mol ずつ生成するということである．つまり，化学物質 A が 1 mol 減れば，化学物質 B も 1 mol 減る．また，化学物質 A が 1 mol 減れば，化学物質 C は 1 mol 増える．ここで，化学物質 A の減る速度を早くしたい場合，どの化学物質の濃度を増やせばよいだろうか．化学物質 A は B と反応して濃度が減少するため，化学物質 A と B がより反応すればよい．化学反応は化学物質 A と B が衝突し，両方の物質共に，反応に必要なエネルギーを持っていた場合，反応が起きる．つまり，化学物質 A と B が反応するためには，衝突する必要がある．衝突の頻度を増やしたい場合，濃度が高い方が，衝突頻度が向上する．化学物質を人に例えれば，化学反応は人と人との衝突に例えられる．人のいない田舎（人の濃度が低い）で人に当たる確率と，渋谷のスクランブル交差点（人の濃度が高い）で人に当たる確率を比べれば，どちらが人に当たりやすいか，一目瞭然である．つまり，化学物質 A と B の衝突する確率をあげたいのであれば，化学物質 A と B の濃度を増やせばよい．では，化学物質 C の濃度が増える速度をあげたい場合はどうだろうか．答えは化学物質 A と B の濃度を増やせばよい．化学物質 C と D は生成物であるため，いくら濃度をあげても反応速度は向上しない．料理を作る場合，原料が無ければ料理が作れないのと同じで，化学反応も原料が無くては，反応は起きない．つまり，反応速度に関わるのは，原料の濃度ということになる．以上をまとめると，化学物質 A と B の消費速度は，化学物質 A と B の濃度に比例し，同様に，化学物質 C と D の生成速度も化学物質 A と B の濃度に

8.2 反応速度論

比例する。比例定数を k（反応速度定数）とすると，以下の式のようになる。

$$-\frac{dA}{dt} = -\frac{dB}{dt} = \frac{dC}{dt} = \frac{dD}{dt} = kAB \tag{8.10}$$

一般化すると，

$$\alpha A + \beta B \longrightarrow \gamma C + \delta D$$

$$-\frac{1}{\alpha}\frac{dA}{dt} = -\frac{1}{\beta}\frac{dB}{dt} = \frac{1}{\gamma}\frac{dC}{dt} = \frac{1}{\delta}\frac{dD}{dt} = kA^\alpha B^\beta \tag{8.11}$$

となる。

8.2.3 n 次反応速度式

反応速度の濃度に対する依存の仕方により，反応速度式の**反応次数**が変化する。濃度の 0 乗に比例する場合は **0 次反応**といい，1 乗に比例する場合は **1 次反応**，2 乗に比例する場合は **2 次反応**という。まとめると，次式のように一般化できる。

$$v = \frac{dC}{dt} = k\,C^n \tag{8.12}$$

・0 次反応

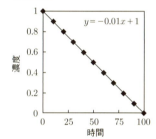

$$\frac{dC}{dt} = -kC^0 = -k, \quad dC = -k\,dt$$

$$\int_{C_0}^{C} dC = -\int_0^t k\,dt$$

$$[C]_{C_0}^{C} = -k[t]_0^t, \quad (C - C_0) = -k(t-0)$$

$$(C - C_0) = -kt, \quad C = C_0 - kt$$

・1 次反応

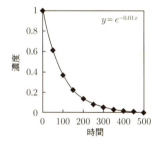

$$\frac{dC}{dt} = -kC, \quad \frac{1}{C}dC = -k\,dt$$

$$\int_{C_0}^{C} \frac{1}{C}dC = -\int_0^t k\,dt$$

$$[\ln C]_{C_0}^{C} = -k[t]_0^t, \quad (\ln C - \ln C_0) = -kt$$

$$\ln\left(\frac{C}{C_0}\right) = -kt, \quad C = C_0 e^{-kt}$$

・2 次反応

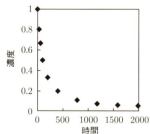

$$\frac{dC}{dt} = -kC^2, \quad \frac{1}{C^2}dC = -k\,dt$$

$$\int_{C_0}^{C} C^{-2}\,dC = -\int_0^t k\,dt$$

$$[-C^{-1}]_{C_0}^{C} = -k[t]_0^t$$

$$\left(-\frac{1}{C} + \frac{1}{C_0}\right) = -kt, \quad C = \frac{1}{\frac{1}{C_0} + kt}$$

図 **8.3** 0 次反応，1 次反応，2 次反応の例

この n が反応次数であり，この反応速度式に従う反応を **n 次反応** という．また，反応にかかわる物質が1種類であるとは限らず，多種になる場合もある．

$$v = \frac{dC}{dt} = k\,C_A{}^n\,C_B{}^m \tag{8.13}$$

この場合，A という化学物質に対して n 次反応，B という化学物質に対して m 次反応，そして，反応全体で $n+m$ 次反応であると表現する．

反応速度式を積分すると，化学反応に伴う化学物質濃度の時間変化を計算することができる．0 次反応，1 次反応，2 次反応の例を **図 8.3** に示す．図 8.3 に示されている式を用いることで，反応速度定数 k，初期濃度 C_0，反応時間 t，任意の時間の濃度 C のうち，3 つの数値が与えられれば，残りの数値が求められる．

【**例題 8.1**】 初期濃度 $C_0 = 100$ mg L^{-1}，反応速度定数 $k = 0.1$ mg L^{-1} min^{-1}，min^{-1} または L mg^{-1} min^{-1} とする．以下の問いに対し，0 次反応であった場合，1 次反応であった場合，2 次反応であった場合について答えなさい．

a) 88 mg L^{-1} になるのに必要な時間 [min] を求めなさい．
b) 90%反応するのに必要な時間 [min] を求めなさい．
c) 30 min 後の濃度 [mg L^{-1}] を求めなさい．

[答] ● 0 次反応であった場合

a) $t = \dfrac{(C_0 - C)}{k} = \dfrac{(100 - 88)}{0.1} = 120$ min
b) $C = C_0(1 - 0.9)$
  $t = \dfrac{(C_0 - 0.1C_0)}{k} = \dfrac{(100 - 10)}{0.1} = 900$ min
c) $C = C_0 - kt$
  $C = 100 - 0.1 \times 30 = 97$ mg L^{-1}

● 1 次反応であった場合

a) $t = \ln(C_0/C)/k = \ln(100/88)/0.1 = 1.28$ mim
b) $t = \ln(C_0/0.1C_0)/k = \ln(1/0.1)/0.1 = 23$ min
c) $C = C_0 e^{-kt} = 100 e^{-0.1 \times 30} = 4.97$ mg L^{-1}

● 2 次反応であった場合

a) $t = \left(\dfrac{1}{C} - \dfrac{1}{C_0}\right)/k = \left(\dfrac{1}{88} - \dfrac{1}{100}\right)/0.1 = 0.0136$ min
b) $t = \left(\dfrac{1}{C} - \dfrac{1}{C_0}\right)/k = \left(\dfrac{1}{10} - \dfrac{1}{100}\right)/0.1 = 0.9$ min
c) $C = \dfrac{1}{\left(\dfrac{1}{C_0} + kt\right)} = \dfrac{1}{\left(\dfrac{1}{100} + 0.1 \times 30\right)} = 0.332$ mg L^{-1}

・0 次反応

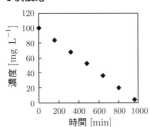

・1 次反応

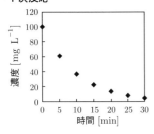

・2 次反応

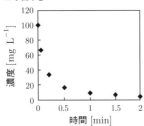

8.2.4 半減期

濃度が半分になるのに必要な時間を**半減期**（$t_{1/2}$）という（図 **8.4**）。例えば，1 次反応の場合，半減期から反応速度定数を求めることもできるし，逆に反応速度定数から半減期を求めることもできる。反応速度定数が得られれば，例題 8.1 で練習したように，ある初期濃度が与えられた場合，どのくらいの時間でどのくらいの濃度が変化するかが予測することができる。例えば，東日本大震災において問題となった放射性物質であるヨウ素 131 は半減期が 8 日であり，セシウム 137 は 30 年である。これらの半減期を用いれば，これらの放射性物質の濃度がどのように減少していくか予測し，その対策について考えることができるようになる。

$$t_{1/2} = \frac{\ln\left(\frac{C_0}{C}\right)}{k} = \frac{\ln\left(\frac{C_0}{1/2C_0}\right)}{k} = \frac{\ln(2)}{k} \tag{8.14}$$

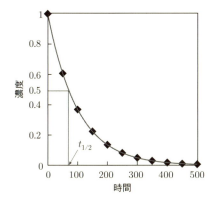

図 **8.4** 半減期（$t_{1/2}$）の例（1 次反応）

【**例題 8.2**】 物質 A の初期濃度 C_0 を 100 ppm*⁾ として分解実験を行った。A の濃度が初期濃度の半分になるのに 3 時間かかった。1 次反応の場合についての反応速度定数 k を求めなさい。

答 $k = \dfrac{\ln 2}{t_{1/2}} = \dfrac{\ln 2}{3 \text{ h}} = 0.23 \text{ h}^{-1}$

*⁾ 微量包まれる物質濃度を表わすのに用いられる。百万分率（parts per million）の略。10^6 分の 1 が 1 ppm となる。

8.2.5 速度定数の温度依存性

化学反応において，反応物質が生成物質に変化する（反応する）ためには，化学的なエネルギーの山を越えなくてはならない（図 **8.5**）。この山を越えるのに必要なエネルギーを**活性化エネルギー**という。反応物質が衝突した時に，そのエネルギーが，この活性化エネルギー以上の場合，化学反応が起きる。一方，分子の運動エネルギーの分布は温度によって変化する。温度が高くなると，高い運動エネルギーをもった分子の割合が増加する（図 **8.6**）。つまり，温度が高くなるに

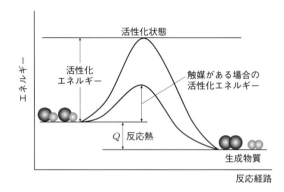

図 8.5 反応のエネルギープロファイル（活性化エネルギーと触媒の効果）

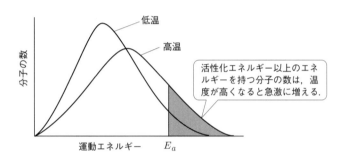

図 8.6 分子の運動エネルギー分布

つれ，活性化エネルギー以上のエネルギーをもった分子の割合が増加するため，反応は促進される。

反応速度定数（反応速度）の温度依存性は，**アレニウスの式**で表わされる。

$$k = Ae^{-\frac{E_a}{RT}} \quad \text{または} \quad \ln k = \ln A - \frac{E_a}{RT} \tag{8.15}$$

ここで，A は頻度因子，E_a は活性化エネルギーである。これらの定数は，温度を変化させて実験を行い，それぞれの温度での反応速度定数を求め，縦軸を $\ln k$，横軸を $1/T$ のグラフ（**アレニウスプロット**）を作成することで，その回帰直線の傾き（$-E_a/R$）と切片（$\ln A$）から求められる。

活性化エネルギーを減少させる作用のある物質を**触媒**という。触媒は，反応によって消費されず，反応を促進することができる。身近な触媒としては酵素があり，生物にとって生きるために重要な生体反応の触媒として体内で働いている。例えば，日本人がお酒に弱いのは，生まれつきアルデヒド脱水素酵素（ALDH2）が低活性な人が多いためであるといわれている。

【例題 8.3】 表 8.1 に示す実験結果を用いて，この反応の活性化エネルギーを求めなさい。

表 8.1 実験結果

温度 T [°C]	反応速度定数 k [M^{-1} s^{-1}]
19.7	66 000
25	140 000
30	221 000
33.5	332 000

答 図 8.7 にアレニウスプロットを示す。この回帰直線式を式 (8.15) と比較すると，その傾きより，E_a/R が 10 300 であると求められる。そのため，活性化エネルギーは次のように求められる。

$$E_a = 10\,300 \times R = 10\,300 \times 8.3145 = 85\,639 = 85.6 \text{ kJ mol}^{-1}$$

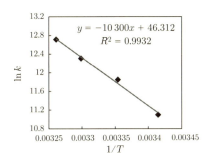

図 8.7 アレニウスプロットの例

8.2.6 多段階反応と律速段階

いくつかの反応が連続的に起こる場合，その反応を**多段階反応**という。このとき，1 つ 1 つの反応を**素反応**という。多段階反応において，最も重要になる反応は**律速段階**である。律速段階とは，その多段階反応の素反応のうち，1 番反応速度の遅い反応のことを指す。多段階反応の反応速度を速めたい場合，この律速段階の素反応を促進しない限り，全体の反応速度は向上しにくい。

$$A + B \to C; \quad C + D \to E; \quad E + F \to G$$
$$\text{全体で } A \to G$$

図 8.8 多段階反応における素反応と律速段階

ここで，A + B, C + D, E + F を素反応といい，この素反応のうち，1 番反応速度が遅い反応を律速段階という

8章　章末問題

表 8.2 実験データ

T [h]	C [mM]
0	0.357
0.167	0.211
0.333	0.125
0.500	0.074
0.667	0.044
0.833	0.026
1.000	0.015

8.1 光触媒を用いて染料である Orange II の分解実験を行った。**表 8.2** に結果を示す。分解反応が 1 次反応に従うと仮定した場合，以下の問いに答えなさい。初期 Orange II 濃度は 0.357 mM とする。

　(1) 0.01 mM まで減少するのに必要な時間 [h] を求めなさい。

　(2) 95%除去するのに必要な時間 [h] を求めなさい。

　(3) 30 分後の濃度 [mM] を求めなさい。

8.2 ショ糖の加水分解の実験を行った。ショ糖の加水分解反応はショ糖濃度に関する 1 次反応に従うとし，以下の問いに答えなさい。反応速度定数を $k = 0.15$ min^{-1}，初期ショ糖濃度は 250 g L^{-1} とする。

　(1) 初濃度の 25%が分解するのに必要 [min] な時間を求めなさい。

　(2) 10 g L^{-1} まで分解するのに必要な時間 [min] を求めなさい。

　(3) 30 分後のショ糖濃度 [g L^{-1}] を求めなさい。

8.3 化学物質 A の分解反応は 1 次反応に従い，半減期が 25 min であった。化学物質 A が初期濃度の 90%が分解するのに要する時間 [min] を求めなさい。

9 無機化合物

9.1 無機化合物とは

　スウェーデンの化学者であるベルセウス（Berzelius, J. J.）は，生物からえられるものを**有機化合物**，鉱物からえられるものを**無機化合物**と定義した。このように無機化合物は地球全体からえられる資源で，古くから人類は無機化合物を利用して生活してきた。この章では無機化合物の基本的な性質と，材料としての応用例を述べる。

　有機化合物は化学組成が複雑なものが多いが，反対に無機化合物は化学組成が単純である。このことは無機化合物が構成元素の性質に強く依存していることを意味している。したがって，無機化合物の性質を理解するためには周期表を理解する必要がある。周期表（表紙裏参照）では元素を**金属元素**と**非金属元素**の2つに大きく分けて分類している。**金属**は日常生活には不可欠な材料で，金属に触れない日はないように思われる。一方，**非金属**といわれてもイメージがわかないかもしれないが，金属以外のものを非金属と分類しているので，その種類や性質は多様である。これは有機化合物と無機化合物の分類に似ている。このように，無機化合物の性質は周期表と密接な関係があることがわかる。

　有機化合物と比べて無機化合物は以下の点に特徴がある。

- **イオン結合**の化合物が多い
- 水に溶けやすく，有機溶媒に溶けにくい
- 沸点や融点が高い
- 燃えにくい（不燃性）ものが多い
- 一般に電解質である
- 反応は速く，完全に反応するものが多い

　これらの特徴から無機化合物は，機械や建築分野では道路，ビル，ダム，船，飛行機，自動車や家電などの構造材に利用され，現代社会を支えるエレクトロニクス分野では電池，半導体，発行ダイオード（LED），光ファイバ，太陽電池などに利用されている。無機材料は化学以外の分野で取り扱われることが多いため，実は機械，建築，電気などの分野でも盛んに研究・開発が行われている（**表 9.1**）。

表 9.1 三大材料の例

分類	材料の例	結合の種類
無機材料	ガラス，陶磁器，セラミックス，コンクリート	イオン結合
金属材料	鉄鋼，アルミニウム，銅，シリコン，合金	金属結合
有機材料	プラスチック，繊維，ゴム，木材	共有結合

9.2 無機化合物の化学的性質

無機化合物の化学的性質は元素の**価電子**（最外殻電子）の数に応じて変化する。ここでも，金属元素と非金属元素によって性質を分類することができる。ここで無機化合物をおおまかに 4 種類に分類して化学的性質を説明する。

9.2.1 金属元素の酸化物・水酸化物

多くの金属は酸素と直接反応して酸化物となる。金属の**酸化物**は常温では固体が安定状態で，一般的には融点が高い。ほとんどは白色だが，Cr，Mn，Fe などの酸化物の色（**表 9.2**）は多彩である。

表 9.2 金属酸化物の色

酸化物	色	酸化物	色
Na_2O_2	淡黄	Pb_3O_4	赤
CaO	白	Fe_3O_4	黒
BaO	白	Fe_2O_3	赤
Al_2O_3	白	Cr_2O_3	緑

周期表の 1 族（アルカリ金属），2 族（アルカリ土類金属）の酸化物は，水と反応して塩基性を示す**水酸化物**になるので，塩基性酸化物という。族番号が大きくなるほど塩基性が弱くなる傾向がある。また，その他の金属の酸化物は水とは反応しにくい。しかし酸と反応して塩をつくるものが多い。

アルミニウム Al，亜鉛 Zn，スズ Sn，鉛 Pb の金属の単体は，酸にも塩基にも反応して溶けるので両性元素という。これら両性元素の酸化物を両性酸化物，両性元素の水酸化物を両性水酸化物といい，それらも酸にも塩基にも反応して溶ける。

例えば，セメントの主要成分（CaO，Al_2O_3，SiO_2，Fe_2O_3）の一つである酸化カルシウム CaO（生石灰）は水と反応し，強く発熱し，強い塩基性を示す水酸化物（水酸化カルシウム $Ca(OH)_2$：消石灰）が生じる。$Ca(OH_2$ は CO_2 と反応し，炭酸カルシウム（$CaCO_3$：石灰岩の主成分）を生成する。

$$CaO + H_2O \longrightarrow Ca(OH)_2 \tag{9.1}$$

$$Ca(OH)_2 + CO_2 \longrightarrow CaCO_3 + H_2O \tag{9.2}$$

9.2.2 金属塩

塩基の陽イオンと酸の陰イオンとが**イオン結合**してできた化合物を**塩**（**表9.3**）という。酸の H 原子が金属に置き換わった化合物を**金属塩**という。酸の種類によって，塩化物（M_xCl_y），硫酸塩（M_2SO_4），炭酸塩（M_2CO_3），硝酸塩（$M_x(NO_3)_y$），硫化物（M_2S）などがある。遷移元素の金属塩類には，水に溶けやすい，吸湿性や潮解性がある，種々の色をもった化合物が多いなどの共通点を持っている。食塩 NaCl も金属塩である。

$$NaOH + HCl \longrightarrow NaCl + H_2O \tag{9.3}$$

$$Na^+ + OH^- + H^+ + Cl^- \longrightarrow Na^+ + Cl^- + H_2O \tag{9.4}$$

表 9.3 主な塩類

塩類	1 族	2 族	13 族	14 族	15 族
塩素化合物	NaCl	$CaCl_2 \cdot 6H_2O$	$AlCl_3 \cdot 6H_2O$	CCl_4	$BiCl_3$
硝酸塩	$NaNO_3$	$Al(NO_3)_3 \cdot 9H_2O$	$Al(NO_3)_3 \cdot 9H_2O$	$Pb(NO_3)_2$	$Bi(NO_3)_3 \cdot 5H_2O$
硫酸塩	$Na_2SO_4 \cdot 10H_2O$	$Al_2(SO_4)_3 \cdot 18H_2$	$Al_2(SO_4)_3 \cdot 18H_2O$	$PbSO_4$	$Bi_2(SO_4)_3O$
炭酸塩	$Na_2CO_3 \cdot 10H_2O$			$PbCO_3$	

9.2.3 非金属元素の水素化物

水素は周期表 18 族（希ガス）を除く非金属元素と化合物（**表 9.4**）をつくる。**非金属水素化物**は電荷を持たない状態の分子からなる分子性物質である。ちなみに，金属元素は水素とイオン結合性の水素化物をつくる。

塩化水素 HCl は代表的な酸で，水に溶かすと強い酸性をしめす。化学実験でよく使われる "塩酸" は塩化水素の水溶液で，市販の濃塩酸は塩化水素の濃度が約 37 ％である。

アンモニア NH_3 は，常温常圧で刺激臭のある無色の気体である。アンモニアは水によく溶けて，その水溶液は弱い塩基性をしめす。塩酸とならんで工業的に非常に多く製造・使用されている。アンモニアは工業的にハーバー・ボッシュ法により合成されている。四酸化三鉄 Fe_3O_4 を主成分とする触媒存在下，400〜600℃，200〜1000 気圧の反応条件で合成されている。合成されたアンモニアの多くは，肥料として利用されている。

$$N_2 + 3H_2 \longrightarrow 2NH_3 \tag{9.5}$$

表 9.4 非金属の水素化物

周期	14 族	15 族	16 族	17 族
2	CH_4（−161℃）	NH_3（−33℃）	H_2O（100℃）	HF（19.5℃）
3	SiH_4（−112℃）	PH_3（−88℃）	H_2S（−60℃）	HCl（−185℃）
4		AsH_3（−55℃）	H_2Se（−41.3℃）	HBr（−67℃）
5			H_2Te（−2℃）	HI（−35℃）

（　）内は沸点を示す

9.2.4 非金属元素の酸化物

多くの非金属元素の酸化物（**表 9.5**）は水に溶けると**オキソ酸**となる。オキソ酸とは酸素を含む酸である。また，塩基と反応して塩と水を生じる。このように水と反応して酸性と塩基性の両方の性質を示す酸化物を**酸性酸化物**という。非金属酸化物には過酸化水素 H_2O_2，二酸化炭素 CO_2，窒素酸化物 NO_x，二酸化硫黄 SO_2 など化学では馴染みの深い化合物が多い。

次の式のように炭酸水は二酸化炭素が水と反応し，解離平衡によりプロトン H^+ を発生し，酸っぱく感じるのである。

$$CO_2 + H_2O \;\rightleftharpoons\; H_2CO_3 \tag{9.6}$$

$$H_2CO_3 \;\rightleftharpoons\; H^+ + HCO_3{}^- \tag{9.7}$$

$$HCO_3{}^- \;\rightleftharpoons\; H^+ + CO_3{}^{2-} \tag{9.8}$$

表 9.5 主な非金属の酸化物

1 族	14 族	15 族	16 族	17 族
H_2O	CO　（無色気体）	NO　（無色気体）	SO_2　（無色気体）	Cl_2O　（茶黄色気体）
H_2O_2　（無色液体）	CO_2　（無色気体）	NO_2　（赤褐色気体）	SO_3　（無色固体）	Br_2O　（褐色固体）
	SiO_2　（無色固体）	N_2O_4　（無色気体）		I_2O_3　（白色固体）
		P_4O_6　（白色固体）		
		P_4O_{10}　（白色固体）		

（　）内は 1bar，25°C での安定状態

9.3　無機化合物の機械的性質

近年，有機化合物を材料としたプラスチックの改良が進み，我々はプラスチックを加工した製品に囲まれて生活している。プラスチックを利用する以前は無機化合物を材料にした製品が生活の大半を占めていた。特に容器や食器類は無機化合物から有機化合物への置き替わりが激しい。このように，従来の技術では不可能だった，無機化合物の特徴を持った有機化合物が開発されてきている。しかし，いまだ無機化合物が使用されている分野は多くあり，その代表的なものが機械や建築分野で使用する構造材料である。構造材料には優れた機械的性質が求められる。ここでは代表的な構造材料である，金属とセラミックスの機械的性質を説明する（**表 9.6**）。

表 9.6 三大材料の物性の比較

分類	融点	機械的性質	熱的性質	電気伝導性	光学的性質
無機材料	高い	硬い	大きい	小さい	透明/不透明，カラフル
金属材料	高い	（硬い）～強靱～（柔軟）	大きい	大きい	不透明，カラフル
有機材料	低い	柔軟	小さい	小さい	透明/不透明，無色～黄色

9.3 無機化合物の機械的性質

9.3.1 金属の機械的性質

　材料の機械的性質は外力に対する変形の度合いや耐久力によって表される。弱い力で破壊される材料は"脆い"，強い力でも変形しない材料は"硬い"と感じるだろう。また，弱い力で変形するが破壊されない材料は"やわらかい"，強い力で変形するが力を除くともとの形状に戻る材料は"しなりがある"と感じるだろう。このように，我々は材料の機械的性質に関してさまざまな表現を持っている。このことは材料に求められる機械的性質の多様性をものがたっている。

　材料の"硬さ"をしめす指標に**弾性率（ヤング率）**がある。弾性率の大きな材料は「硬い」と表現し，弾性率の小さな材料は「柔らかい」と表現される。一般的に金属は弾性率が高いので「硬い」材料である。また，材料の"強度（ねばり強さ）"をしめす指標に**靱性**がある。靱性は材料を破壊（切断）するのに必要なエネルギーに相当する。金属は大きな靱性を持つ，なかなか切断できない材料であるといえる。このことから，金属は「粘り強い」材料と表現されることが多い。さらに金属は**展性**と**延性**に富んでいるので，曲げたり，伸ばしたりといった作業が容易で，さまざまな形に加工できる。したがって自動車や航空機などの主な構造は金属でできている。

　最もよく使用されている金属として**ステンレス**が挙げられる。ステンレスは鉄Fe を主成分（50 %以上）とし，クロム Cr を 10.5 %以上含む合金である。その最大の特徴は"さびにくい"ことにあり，JIS において主に「SUS」の略号が付けられる事からサス（SUS）ともよばれる。

9.3.2 非金属の機械的性質

　非金属の元素で構成される無機化合物原料を，高温で焼き固めて成形した材料を**セラミックス**という。セラミックスは非常に硬いが，割れやすい材料である。つまり，金属との大きな違いは変形しにくい点にある。セラミックスの構造材料の代表は「セメント」である。ちなみに"コンクリート"とはセメントに砂，砂利，水を混ぜて硬化させたものである。高層ビルやダム，トンネルなどの人工巨大構造物のほとんどはコンクリートでできている。

　セメントの主要化学成分は，酸化カルシウム CaO，二酸化ケイ素 SiO_2，酸化アルミニウム Al_2O_3，酸化鉄（Ⅲ）Fe_2O_3 であるが，原料は先の化学成分を含む天然資源（石灰石，粘土，ケイ砂）を使用している。酸化カルシウム（約 60 %）と二酸化ケイ素（約 20 %）の混合比率を変えると反応速度が変わり，少量成分の酸化アルミニウム，酸化鉄（Ⅲ）で硬化強度が変わる。セメントは水と接すると強い塩基性を示すので，取扱うときには，目・鼻や皮膚への接触を避けるために手袋，長靴，保護メガネ，防護マスクなどの保護具を着用したり，換気する必要がある。

9.4 無機化合物の熱的性質

　材料の熱的性質は熱力学的性質（融点，比熱容量，熱膨張係数）と熱伝導で評価される。熱力学的性質の高い材料は熱に強い材料，熱伝導の高い材料は熱を伝えやすい材料である。金属は他の材料に比べて高い熱伝導率をしめす。また合金よりも金属単体の方が高い熱伝導率をしめす傾向がある。これは金属原子の周りを電子が自由に動き回っており，この電子（これを自由電子という）が熱を運ぶ役割をしているからである。スマートフォンやパソコンに使用されている CPU は発熱量が大きく，安定に使用するためには冷却する必要がある。CPU の冷却装置（ヒートシンク）にはアルミのブロックが使用されている。

　金属元素は融点が高いので，これらから構成される無機化合物は熱力学的性質に優れている。特にマグネシウム Mg，カルシウム Ca，アルミニウム Al，ケイ素 Si の酸化物を原料にしたセラミックスは，温度に対する変形量が小さく，約 2000°C の高温下でも安定であるため耐火レンガなどに利用されている。先ほどふれたセメントも優れた熱力学的性質を持つため，コンクリートの建造物は火事では滅多に焼失しない。

9.5 無機化合物の電気的性質

　材料を電気の流れやすさで分類すると電気をよく通す良導体，電気をほとんど通さない絶縁体，両者の中間に位置する半導体の3つに分けられる（図 9.1）。また，固体と気体は電気を通しにくいが，液体はをよく通す。つまり材料の中で電気を伝達する"何か"があり，液体のような流動性の高い環境では，さらに電気が通りやすくなる。電気を伝達する"何か"とは「電子」と「イオン」である。

　熱的性質でも触れたが，金属には自由電子が存在しているので電気は容易に流れる。したがって金属は良導体である。電気の流れやすさは電気抵抗率（Ω m）で表すが，金属の抵抗率は 10^{-6}〜10^{-8} Ω m の範囲にあり，他の材料に比べて著しく低い値を示す。

　セラミックスの大半は絶縁体である。絶縁体の中では自由電子がほとんどないため，非常に高い電圧を印加しなければ電気は流れない。セラミックスなどの絶縁体は電気を通さないが，分極という現象が起きて電気を蓄える。この電気を蓄えるという性質に注目するとき，材料を誘電体とよぶ。誘電体はスマートフォンやパソコンなどの電子機器には欠かせない材料で，コンデンサ，各種（電気，磁気，圧力，熱，光）センサメモリーなどに用いられている。

　半導体を利用した電子部品を半導体素子とよび，トランジスタやコンデンサなどをひとつにまとめた集積回路（IC）などがこれに含まれる。半導体の代表的なものにシリコンやゲルマニウムの結晶がある。純粋な半導体結晶の性質は絶縁体に近く，電気はほとんど通さない。しかし，そこに不純物をほんの少し加えると自由電子ができて導体のような性質に変化する。集積回路はこの半導体の性質を上手に利用して，非常に小さい空間に複雑な回路を組むことに成功している。

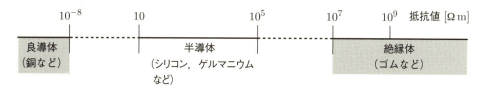

図 9.1 良導体，半導体，絶縁体の抵抗率

9.6 無機化合物の光学的性質

　材料には透明なもの，不透明なもの，さまざまな色のものがある。我々が見ている色は物体を透過した光または反射した光である。人の目が認識する光を可視光とよび，波長 380 nm～750 nm 範囲の周波数の電磁波である。つまり可視光を吸収しない物体は透明に見えて，可視光をすべて吸収する物体は不透明な黒色に見える。したがって，材料の光学的性質は可視光の吸収，反射，屈折によって決まる。

　材料が透明であるかどうかは材料の**結晶構造**できまる。固体は原子や分子が規則正しく並んだ単結晶，不規則に並んだ非晶質がある。固体物質の多くは小さな単結晶がたくさん集まってできた多結晶体である。多結晶体には粒界とよばれる結晶の境目があるために光が乱反射して通らず不透明になる。一方，非晶質には粒界がないため光が通り透明に見える。ガラスは非晶質で，主成分の二酸化ケイ素 SiO_2 が網目状に結びついた構造をしており，その構造は固体より液体に近い。そして，最も重要なことは二酸化ケイ素が光を吸収しないということである。いくら非晶質でも金属のような元素から構成される物質は無色透明にならない。

9.7 興味深い無機材料

9.7.1 太陽電池と発光ダイオード (LED)

　太陽電池は光を照射すると電気を生じ，発光ダイオード（LED）は電気を通じると光を生じる（図 9.2）。

　太陽電池は，p 型半導体と n 型半導体[*1)]を接合させた構造であり，自然エネルギー（再生エネルギー）である太陽光エネルギーから電気エネルギーを取り出す（図 9.3）。現在，利用されている太陽電池の多くは，シリコン系半導体であるが，化合物系半導体なども使われ始めている。

　発光ダイオード（LED）[*2)]は電圧を加えると p 型半導体と n 型半導体の接合部で発光する（図 9.4）。LED の発光は，III 属元素のアルミニウム（Al），インジウム（In），ガリウム（Ga）と V 属元素の窒素（N），リン（P），ヒ素（As）との化合物によって作られる半導体が使われている。LED の発光効率は白熱電球よりもはるかに高く，CO_2 排出量削減のため，世界各国で白熱電球を廃止しつつある。日本においても白熱電球の製造・販売を中止，原則として LED などへの切り替えを行っている。

*1) p 型半導体は，シリコンに不純物としてごく微量のホウ素（B）を含み，n 型半導体はごく少量のリン（P）を含む。

*2) 1962 年に赤色 LED，1972 年に黄緑 LED，1990 年代に青色 LED が開発され，青・赤・緑の光の三原色が実現し，フルカラー表示が可能になった。青色 LED の発明と実用化により，赤崎勇，天野浩，中村修二氏が 2014 年のノーベル物理学賞を受賞した。

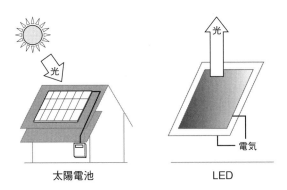

図 9.2 太陽電池と発光ダイオード（LED）

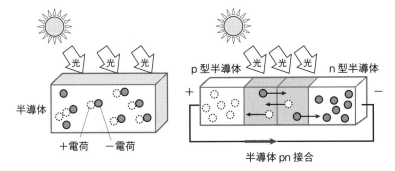

図 9.3 太陽電池の仕組み

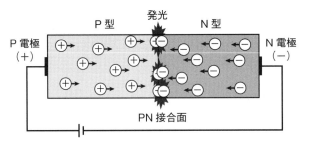

図 9.4 発光ダイオードの発光原理

9.7.2 炭素材料（ダイヤモンド，黒鉛（グラファイト），フラーレン，グラフェン，カーボンナノチューブ）

炭素はさまざまな形態をとり，多くの同素体（ダイヤモンド，黒鉛（グラファイト），フラーレン，グラフェン，カーボンナノチューブ）が知られている。ダイヤモンドは sp^3 炭素から構成され，他の同素体は sp^2 炭素から構成されている（図 9.5）。

ダイヤモンドは無色透明の結晶で正四面体の構造をしており，光の屈折率が大きく，宝石に，また物質中最も硬く切削工具等に使われている。

黒鉛（グラファイト）は網目状の平面構造が層状に重なった構造をしており，金属光沢の軟らかい結晶であり，電気伝導性がよいことから電極に，熱伝導性がよいことからゴムの添加剤に，耐熱性がよく坩堝（るつぼ）等に，潤滑性がよい

9.7 興味深い無機材料   93

ことから鉛筆の芯など，多くの分野で利用されている。

　フラーレンは，C_{60} や C_{70} など，1985 年に発見されたサッカーボールのよう
なユニークな球状の構造をしており，材料や医療分野での応用を目指して研究が
進められている。

　グラフェンは，黒鉛（グラファイト）の 1 層分だけの構造であり，その合成は
粘着テープをグラファイトに貼り付けてはがすというユニークな方法である。

　カーボンナノチューブは，グラフェンを円筒状に丸めた構造であり，電極・電
池材料やナノテクノロジーでの応用が期待され盛んに研究されている。また，宇
宙開発においても危険性やエネルギーの効率の面から成層圏まで行く宇宙エレ
ベータも，カーボンナノチューブの発展により可能になることも夢とは思われな
くなっている。

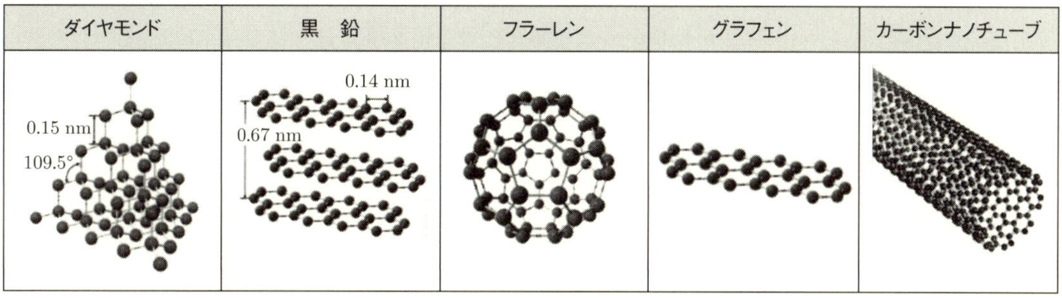

図 9.5 炭素材料の構造

10 有機化学と有機材料

10.1 有機化学とは

我々の身の回りには有機化合物があふれている。代表的なものをあげると、プラスチック、繊維、薬、糖などがあり、これら有機化合物が広い分野で使用されている。それら有機化合物の製法や性質などについて研究する学問を有機化学という。しかしながらこの学問の歴史はあまり長くはなく、1828年にドイツの化学者ヴェーラー（Wöhler, F., 1800-1882）が行った、鉱物から得られたシアン酸アンモニウムという無機物を加熱することにより、尿素という有機化合物が得られたという研究から始まった。

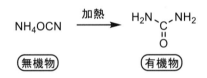

図 10.1　尿素の合成

尿素は哺乳類の体内で作られる有機化合物である。この研究以前までは有機化合物は生きているものからしか作られないと考えられており、生きていないもの、すなわち無機物質からは有機物質は作られないと考えられていたためである。この発見以降、さまざまな有機化合物が合成、発見されるようになり世界中で盛んに研究される学問として発展してきた。

10.2 有機化合物の特徴

ではどのような化合物が有機化合物なのか。有機化学における中心元素はなんといっても炭素 (C) である。しかしながら、炭酸カルシウム ($CaCO_3$) やグラファイト、ダイヤモンドなどは無機物に分類される。一般的に分子内に炭素-水素結合 (C-H) を含んでいる化合物を有機化合物と分類している。有機化合物と無機化合物には表 10.1 に示したような性質の違いがある。

表 10.1 有機化合物と無機化合物の性質

性質	有機化合物	無機化合物
結合	共有結合	イオン結合
融点	低い	高い
水溶性	難溶	可溶
電離	非電解質	電解質
燃焼	可燃性	不燃性
反応性	遅い	速い

10.3 有機化合物の分類

現在 1 億種類を超える有機化合物が存在しており，それらの性質を 1 つずつ勉強していくのは現実的ではない。その性質は構成元素の並び方や種類によって決まることから，グループ分けすることができる。3, 4 章で前述したように，原子はその軌道に従った価標（結合の数，図 10.2）を持ち，それが他の原子との結合を形成し，分子固有の性質や構造を持つこととなる。そのグループをしっかりと整理・認識することが有機化学を理解する一歩目となる。そのグループ分けには大きく分けると 2 種類の分け方があり，炭素結合の種類に基づく分類と分子内の特定の原子あるいは原子団に注目した分類である。分子内の特定の原子，原子団を官能基とよび，異なる分子であっても同じ官能基を有する場合，それぞれが類似の性質や反応性を示すことが多い（表 10.2）。

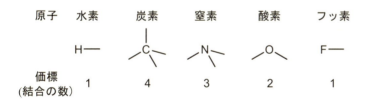

図 10.2 原子の結合の数

表 10.2 官能基

種類	官能基	一般式	例	
アルコール	ヒドロキシ	R-OH	CH_3CH_2OH	エタノール
エーテル	アルコキシ	R-O-R'	$(C_2H_5)_2O$	ジエチルエーテル
ケトン	カルボニル	$R_2C=O$	$(CH_3)_2CO$	アセトン
カルボン酸	カルボキシ	R-COOH	CH_3COOH	酢酸
アミン	アミノ	$R-NH_2, R_2NH, R_3N$	$CH_3CH_2NH_2$	エチルアミン
アミド	カルバモイル	R-CONHR', R-CONR'$_2$	CH_3CONH_2	アセトアミド

(1) 脂肪族炭化水素（アルカン・アルケン・アルキン）

炭素と水素だけで構成される有機化合物を**炭化水素**という。炭化水素は飽和炭化水素と不飽和炭化水素にわけられ，単結合のみで構成される分子群を飽和炭化水素，二重結合や三重結合を有する炭化水素類を不飽和炭化水素と分類する（図 **10.3**）。二重結合や三重結合などの多重結合ももたない飽和な炭化水素類を**アルカン**といい，石油の主成分である。アルカンの一般式は C_nH_{2n+2} で表記され，もっとも単純なアルカンは CH_4，メタンである。炭素が増えるごとに表 **10.3** に示したような名称となる。炭素が 4 以上になると同じ分子式であっても構造の異なる分子ができ，これらを**構造異性体**という（図 **10.4**）。

炭素原子間の結合が二重結合である炭化水素を**アルケン**という。アルケンの一般式は C_nH_{2n} で表される。もっとも単純なアルケンは C_2H_4 のエテンである。慣用的にはエチレンとよばれるこの有機化合物は石油工業の中でももっとも重要な原料の一つであり，さまざまなプラスチック類がエチレンを原料にして

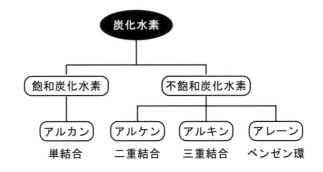

図 **10.3** 炭化水素の分類

表 **10.3** アルカンの名称

炭素数	分子式	名称	炭素数	分子式	名称
1	CH_4	メタン	7	C_7H_{16}	ヘプタン
2	C_2H_6	エタン	8	C_8H_{18}	オクタン
3	C_3H_8	プロパン	9	C_9H_{20}	ノナン
4	C_4H_{10}	ブタン	10	$C_{10}H_{22}$	デカン
5	C_5H_{12}	ペンタン	11	$C_{11}H_{24}$	ウンデカン
6	C_6H_{14}	ヘキサン	12	$C_{12}H_{26}$	ドデカン

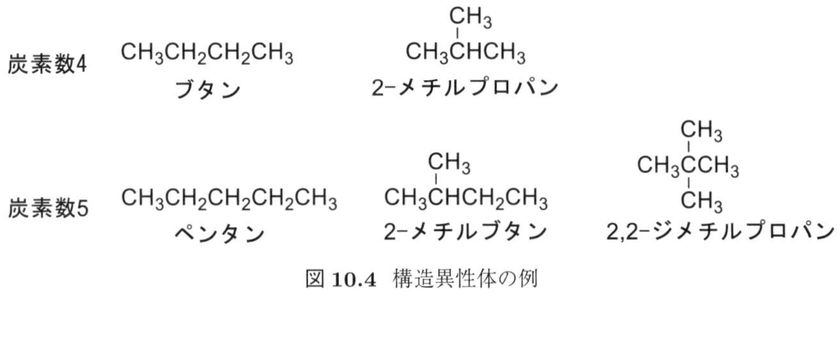

炭素数4　　CH₃CH₂CH₂CH₃　　　　CH₃CHCH₃ (CH₃)
　　　　　　　ブタン　　　　　　　2-メチルプロパン

炭素数5　　CH₃CH₂CH₂CH₂CH₃　　CH₃CHCH₂CH₃ (CH₃)　　CH₃CCH₃ (CH₃,CH₃)
　　　　　　　ペンタン　　　　　　2-メチルブタン　　　　2,2-ジメチルプロパン

図 **10.4** 構造異性体の例

いる。**アルキン**は炭素原子間に三重結合を有する有機化合物であり、一般式は C_nH_{2n-2} である。もっとも単純なアルキンはエチン（アセチレン）である。アセチレンは直線分子であることが明らかとされている（図 **10.5**）。

炭素数2　　CH$_3$CH$_3$　　　　H$_2$C＝CH$_2$　　　　HC≡CH
　　　　　　エタン　　　　　　エテン　　　　　　エチン
　　　　　　　　　　　　　　（エチレン）　　　（アセチレン）

炭素数3　　CH$_3$CH$_2$CH$_3$　　H$_2$C＝CHCH$_3$　　HC≡CCH$_3$
　　　　　　プロパン　　　　　プロペン　　　　　プロピン
　　　　　　　　　　　　　　（プロピレン）

図 **10.5** 不飽和炭化水素の例

環状の構造を持つ脂肪族炭化水素を**シクロアルカン**という。炭素数が 3 以上になると存在するようになり、名称はシクロ＋アルカン類の名称となる。例えば、炭素数が 6 個で構成された環をもつシクロアルカンは「シクロヘキサン」となる。一般式は C_nH_{2n} であり、天然に存在する多くの有機化合物に含まれている。柑橘系に含まれるリモネンやヌートカトンなどはその代表例である。有機分子は図 **10.6** に示すように簡略化した線形構造式で表すことが多い。線形構造式では炭素原子と炭素に結合している水素原子を省略して表す。この簡略化によって炭素骨格や官能基が見やすくなるので、多くの教科書や論文などに好んで用いられている。

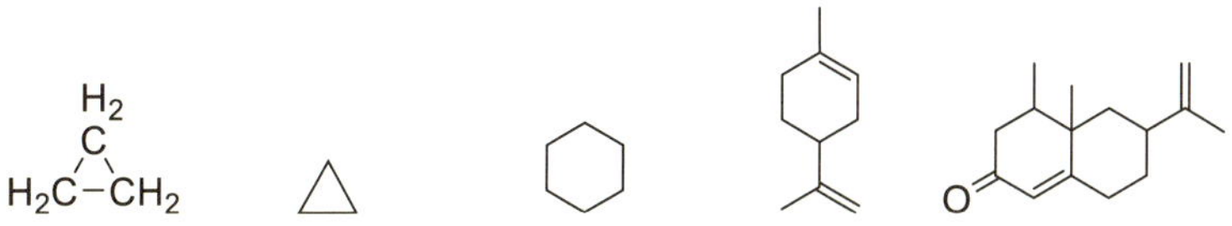

シクロプロパン　線形表記　シクロヘキサン　リモネン　ヌートカトン

図 **10.6** 脂環式化合物の例

(2) アルコールとエーテル

官能基として**ヒドロキシ基** (–OH) を有する有機分子を**アルコール**といい、水 (H–O–H) の水素原子がアルキル基に置き換わったもの (R–O–H) である。**エタノール**（エチルアルコール）はもっとも有名なアルコール類の一つであり、お酒の成分としてわれわれの生活に深く関係しているだけでなく、工業的にもさまざまな有機分子の原料として用いられるなど極めて重要である。アルコールはヒドロキシ基が結合する炭素の種類によって第一級、第二級、第三級アルコールに分類される。また、その中心炭素のことを第一級、第二級、第三級炭素という（図 **10.7**）。

アルコールは水素結合により会合*[)]しているため、同程度の分子量をもつ他の分子より著しく高い沸点をもつ。

*) ROH⋯OH(R) など水素結合による非共有結合性の相互作用によって、複数の分子がより集まっている状態を会合という。

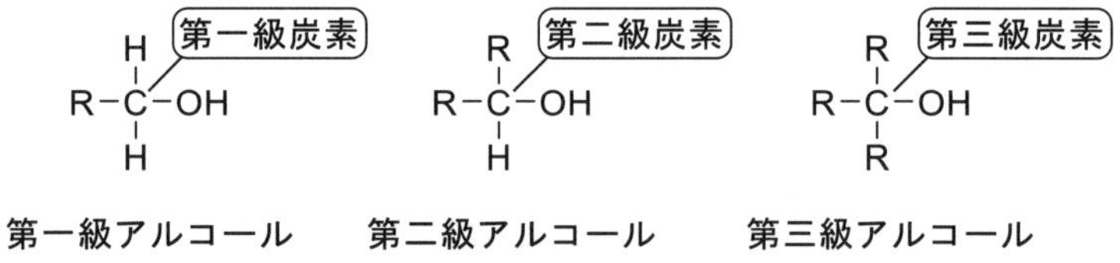

第一級アルコール　　第二級アルコール　　第三級アルコール

図 10.7　アルコールの分類

表 10.4　アルコールの名称と沸点

物質名	示性式	沸点（℃）
メタノール	CH_3OH	64
エタノール	CH_3CH_2OH	78
1-プロパノール	$CH_3CH_2CH_2OH$	97.4
1-ブタノール	$CH_3CH_2CH_2CH_2OH$	118
1-ペンタノール	$CH_3CH_2CH_2CH_2CH_2OH$	138
エチレングリコール	$HOCH_2CH_2OH$	197

表 10.5　アルコール，エーテル類の沸点

物質名	示性式	分子量	沸点（℃）
ペンタン	$CH_3CH_2CH_2CH_2CH_3$	72	36
ジエチルエーテル	$CH_3CH_2OCH_2CH_3$	74	35
1-フルオロブタン	$CH_3CH_2CH_2CH_2F$	76	33
ブタナール	$CH_3CH_2CH_2CHO$	72	75
ブチルアミン	$CH_3CH_2CH_2CH_2NH_2$	73	78
1-ブタノール	$CH_3CH_2CH_2CH_2OH$	74	118

　アルコールの水素原子がアルキル基に置き換わったものがエーテル (R–O–R′) となる。官能基としてはアルコキシ基 (–OR) を有する。ジエチルエーテルは実験から医療まで幅広く使用されているエーテル類である。アルコールとは異なり分子間に水素結合を形成することができないため，比較的低い沸点をもつ。

(3)　アルデヒドとケトン

　官能基としてカルボニル基（$>\!C\!=\!O$ ）を有するもので，一般的にカルボニル化合物とよばれる。アルデヒドはカルボニル基に少なくとも一つの水素原子が結合した化合物であり，もう一方には水素やアルキル基，芳香環などが結合している。すなわち，一般式では R–CHO と表記される（図 10.8）。一方で，カルボニル基の両側にアルキル基や芳香環などが結合している化合物をケトンという。

　アルデヒドやケトンはアルコールを酸化することで得ることができる。すなわち，アルデヒドは還元性を有している。アルデヒドをアンモニア性硝酸銀水溶液

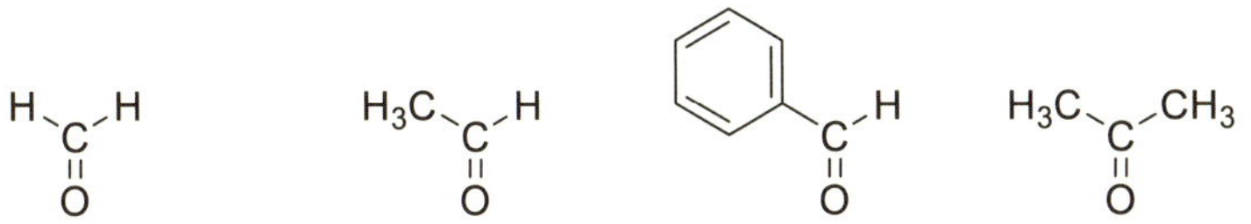

10.3 有機化合物の分類

ホルムアルデヒド　アセトアルデヒド　ベンズアルデヒド　アセトン

図 10.8　カルボニル基を有する化合物

$$RCHO + 2[Ag(NH_3)_2]^+ + 2OH^- \longrightarrow RCOOH + 2\,Ag + 4\,NH_3 + H_2O$$

アルデヒド　　　　　　　　　　　　　　カルボン酸

図 10.9　銀鏡反応

に加えると銀 (I) イオンが還元され，銀が析出する。この反応をガラス器具内などで行うとガラス表面が鏡になることから，この反応は銀鏡反応とよばれている（図 10.9）。

(4)　カルボン酸とその誘導体

　カルボン酸は，官能基としてカルボキシ基 (-COOH) を有する有機化合物である。もっとも簡単なカルボン酸はギ酸 (HCOOH) である。ギ酸は分子内にアルデヒド基を有することから還元力があり，酸化を受ける。一般的に広く知られているカルボン酸としては酢酸があげられる。食酢の中に 5％程度含まれており，酢独特の臭気はこの酢酸によるものである。ベンゼン環に直接カルボキシ基が結合している有機化合物を安息香酸 (C_6H_5COOH) といい，医薬品の原料として非常に重要な分子である。自然界にも広く分布しており，名前の通り，香りの成分として樹脂や植物に含まれている（図 10.10）。

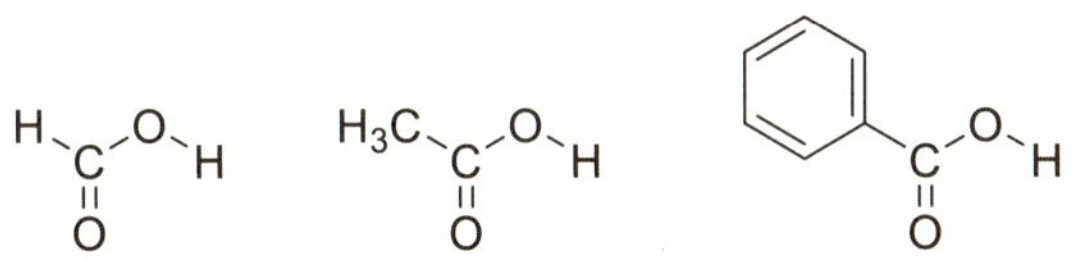

ギ酸　　　　　　酢酸　　　　　　安息香酸

図 10.10　カルボン酸の例

　カルボン酸は生体内の代謝産物としても重要な化合物であり，工業原料や溶剤としても広く用いられている。アルコール，アルデヒド，カルボン酸は互いに酸化・還元することにより変換することが可能である。人体においてもアルコールの酸化反応は非常に重要な反応で，NAD^+（酸化型ニコチンアミドアデニンジヌクレオチド）という酸化剤が，酵素を触媒とすることで温和な条件で進行する。例えば，アルコール飲料から摂取したエタノール (CH_3CH_2OH) は肝臓などで直ちにアルコール脱水素酵素により，アセトアルデヒド (CH_3CHO) に酸化される。その後アルデヒド脱水素酵素の働きにより酢酸へと酸化される。アセトアルデヒドは人体にとって有害な物質であり，頭痛や二日酔いの原因とされている。酒に

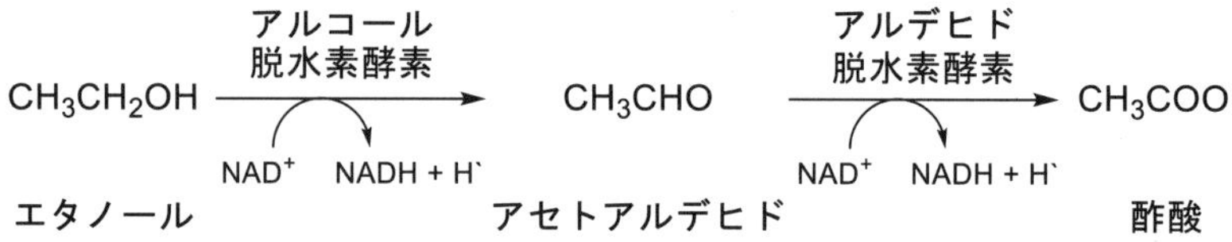

$$CH_3CH_2OH \xrightarrow[\text{脱水素酵素}]{\text{アルコール}} CH_3CHO \xrightarrow[\text{脱水素酵素}]{\text{アルデヒド}} CH_3COOH$$

NAD$^+$　NADH + H`　　　　　　　NAD$^+$　NADH + H`

エタノール　　　　　　　アセトアルデヒド　　　　　　　酢酸

図 **10.11**　酵素によるアルコールの酸化反応

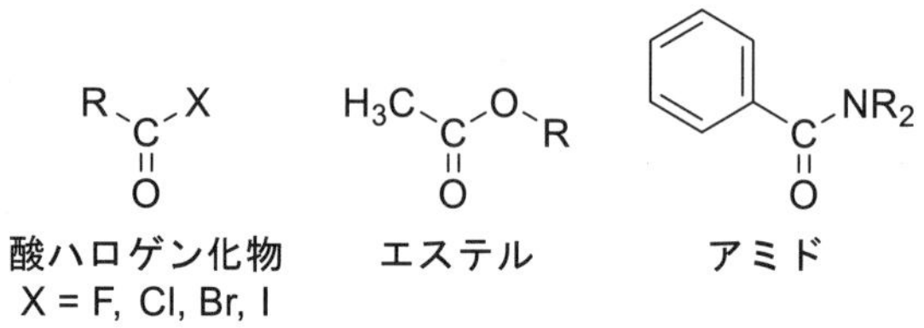

酸ハロゲン化物　　エステル　　　アミド
X = F, Cl, Br, I

図 **10.12**　カルボン酸誘導体の例

対して強い人，弱い人がいるのはこのアルデヒド脱水素酵素の働きの違いによるものと考えられている（図 **10.11**）。

　カルボン酸の OH 基が他の官能基に置き換わったものをカルボン酸誘導体といい，－OR に置き換わったものをエステル，ハロゲンに置き換わると酸ハロゲン化物，アミンが置換するとアミドになる（図 **10.12**）。いずれの有機化合物も有機化学的にも生体的にも重要な化合物である。

(5)　芳香族化合物

　ベンゼンとその誘導体は，不飽和結合を有する環状化合物であるが，シクロアルケンなどとは大きく異なる性質をもっている。これら芳香族化合物は環状に並んだ π 電子をもつため，環全体に π 電子が雲状に存在しており，その結果，高い安定性や特異な反応性を示す。現在ではこれは当たり前のこととして認識されているが，1825 年のベンゼン発見からしばらくはその構造は未知とされていた。炭素数のわりに水素数の少ない分子であることから多重結合を有すると考えられていたが，一般的なアルケンやアルキンとは異なり，臭素による消色反応を起こさず，当時の化学者の理解を超えたものであった。1865 年にケクレによって単結合と二重結合が交互に配列した 6 員環構造であると提唱され，単結合と二重結合が入れ替わることで一般的な二重結合を有する有機分子とは異なる反応性を示すと考えられた。現在ではベンゼンが単結合と二重結合のちょうど中間の性質を示すことが明らかとされており，ケクレの提唱が正しいことが証明されている（図 **10.13**）。

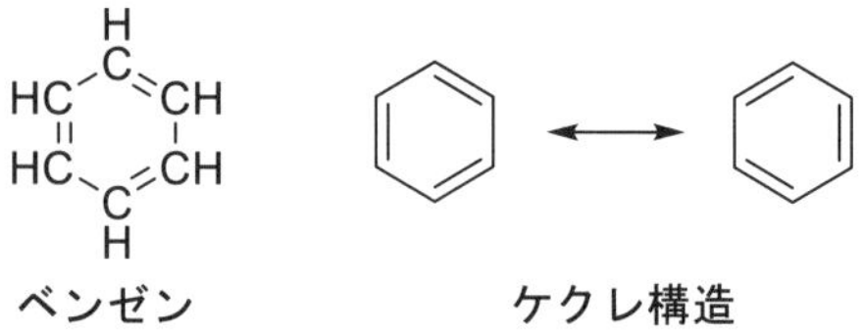

ベンゼン　　　　　　ケクレ構造

図 **10.13**　ベンゼンの共鳴構造

図 10.14 多環式芳香族炭化水素の例

古くから芳香族化合物の存在は知られており，医薬品や有機材料などに使用される分子にも多く見られる骨格である。ベンゼン環にさらにベンゼン環を縮合させるとナフタレンやアントラセンに代表される多環式芳香族炭化水素とよばれる分子ができる。サッカーボール型のフラーレンや細い筒状分子であるカーボンナノチューブ，単層の平面分子グラフェンなどもこの多環式芳香族炭化水素のうちの一つである（図 10.14）。いずれの分子も分子全体に非局在化した π 電子を有することから電気的，磁気的な材料として高く期待されており，盛んに研究されている。

(6) 窒素を含む有機化合物

窒素原子を含む有機化合物は天然に多く存在していることから，工業的に広く利用されている。例えば染料として利用されているアゾ染料は分子内に $-N=N-$ 結合を有する有機化合物が主成分である。ニトロ基（$-NO_2$）を複数含む化合物は爆発性を有する有機化合物が多く，古くから爆薬として利用されてきた。ノーベル賞で有名なノーベル（Nobel, A. B., 1833-1896）が開発したダイナマイトも含窒素有機化合物であるニトログリセリンを珪藻土にしみこませたものである。アミンはアンモニア（NH_3）に炭素置換基が導入された有機化合物であり，アルコールなどと同様に窒素原子に結合している炭素数によって第一級，第二級，第三級アミンが存在する。アミノ酸はアミノ基をもつカルボン酸であり，タンパク質の構成成分である（図 10.15）。

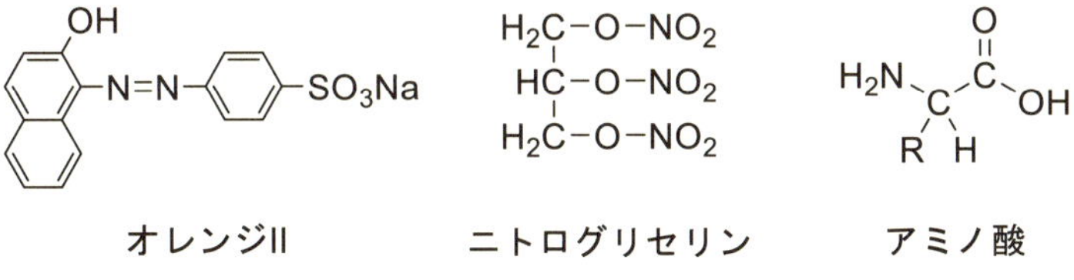

図 10.15 窒素を含む有機化合物

(7) ハロゲン化物

有機ハロゲン化物は 17 族元素であるフッ素や塩素が炭素原子に置換した化合物の総称である。ハロゲン-炭素結合はハロゲン原子の電気陰性度が炭素に比べ大きいことから，ハロゲン原子側に電子が偏っており炭素原子上が電子不足となる。その結果，陰イオンなどからの攻撃を受けやすく，アルコール，エーテル，アミンなどのさまざまな官能基へと変換可能であることから，出発原料として広

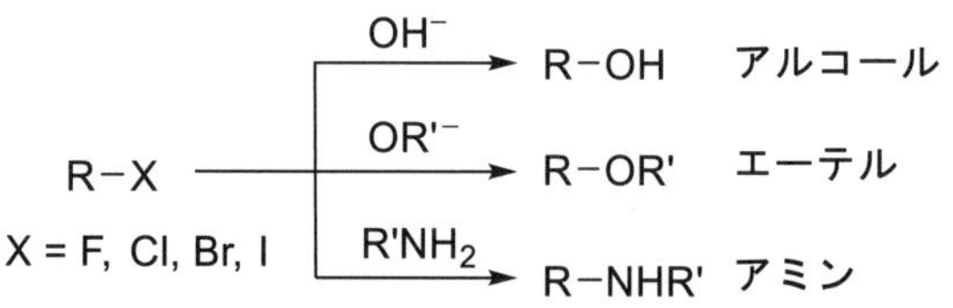

$$R-X \xrightarrow{\begin{array}{c} OH^- \\ OR'^- \\ R'NH_2 \end{array}} \begin{array}{ll} R-OH & \text{アルコール} \\ R-OR' & \text{エーテル} \\ R-NHR' & \text{アミン} \end{array}$$

X = F, Cl, Br, I

図 10.16 ハロゲン化合物の反応

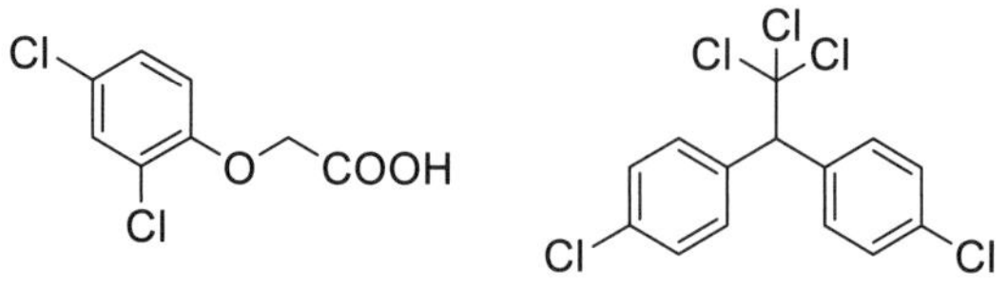

除草剤

殺虫剤 (DDT)

CBrClF$_2$ Cl$_2$C=CHCl   CF$_3$CHCl$_2$

CBrF$_3$ Cl$_2$C=CCl$_2$ CF$_3$CH$_2$F

CH$_3$CCl$_2$

消火剤   クリーニング用溶剤   冷媒（代替フロン）

図 10.17 ハロゲンを含む有機化合物

く用いられている（図 10.16）。

　有機ハロゲン化物の中には殺虫剤としての効力を持ったものが多く，安価で大量に合成が可能であったことから農薬として使われるようになった。その他にも除草剤，消火剤，クリーニング用溶剤，冷凍機用の冷媒など多岐にわたって使用されている（図 10.17）。

　しかし，ハロゲン化物の中には環境に悪影響を与えるものもあり，その使用には注意が必要である。例えば，殺虫剤の DDT は殺虫力が高く，人体に対する急性毒性がなかったことから広く用いられていた。ところが DDT は高い安定性を持つことから自然には分解されにくいため，体内に残留し，さまざまな被害が報告されるようになった。このため，日本を含む多くの国では DDT の使用が禁止されている。その他にもオゾン層を破壊するフロン類やゴミの焼却時に排出されるダイオキシンなどはいずれも有機ハロゲン化物である。

10.4　身近な有機化合物

(1)　石油工業

　2016 年 4 月時点で，すでに 1 億種類以上の有機化合物が登録されており，ここ数年は 2 秒にひとつ以上新しい化合物が登録されるといった驚異的なペースである。なぜこのように爆発的に研究が進んだのだろうか。これはなんといっても石油の力が大きい。1950 年以降，石油工業が急速に発展したため，それに由来する

10.4 身近な有機化合物

有機化合物やその原料が大量に発見されることとなった。油田から得られる原油は，50〜95重量%の炭化水素化合物を含む混合物である。この原油を分留・精製し，いくつかの留分に分ける。いずれの留分も複雑な混合物であり，さらに手を加えることによって我々が使用するかたちとなる（図 10.18）。

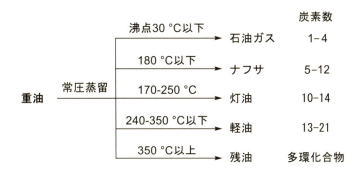

図 10.18 石油の分留

沸点が 180°C 以下の留分をナフサ（粗製ガソリン）といい，我々の身近に存在する多くの有機化合物の原料となる。これらの原料をもとに高分子化学製品であるプラスチックやゴムなどの生活を豊かにする製品が多数発明されることとなり，さらに機能的な性質を求めてこれらの分野が爆発的に急成長することとなったのである。

(2) 液　晶

デジタルカメラ，TV，携帯電話などの画面表示体として広く用いられている液晶モニターは液晶のもつ2つの特性を利用したものである。そもそも液晶は「液体」と「結晶」の中間の性質を示す分子であり，位置と配向の規則性のどち

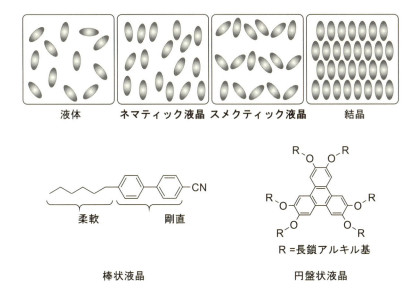

図 10.19 液晶の種類

らかを失った状態である。位置の規則性がなく，分子の配向だけもつ液晶をネマティック液晶という。位置の規則性はあるが，分子の配向をもたない液晶をスメクティック液晶という。液体は配向も位置も無秩序であり，結晶は秩序正しい配向と位置をもつ。どんな分子でも液晶になるとは限らない。剛直な骨格（ベンゼン環など）と柔軟な骨格（長鎖アルキル基）の両方をもつものが液晶分子となる（図 10.19）。

　液晶分子は外部刺激により配向を変化させる性質を有している。擦り傷などに対して液晶分子は平行に並ぶ性質がある。電圧をかけると電圧の方向にその配向を変化させる。これを液晶分子の電気的特性という。また液晶に偏光を照射すると，配向によって光を透過する場合としない場合が生じる。すなわち，偏光の振動面と配向が一致すると偏光は液晶を通過する。一方，偏光の振動面と配向が異なる場合は偏光を液晶が遮断する。これを液晶分子の光学的特性という。これらの能力を組み合わせ，電圧により液晶分子の配向を制御することで液晶モニターとして機能するようになる（図 10.20）。

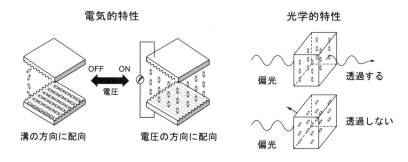

図 10.20　液晶の特性

(3) 次世代有機材料

　有機 EL（エレクトロ・ルミネッセンス）や有機薄膜太陽電池など次世代有機材料の開発が盛んに研究されている。これら有機材料は大量生産が可能であることからコストの大幅な減少が期待できる。そのため，高いコストと技術力が必要な高純度シリコン製品の代替品として高い注目が集まっている。有機材料はこれまでの材料に比べ，柔軟性や溶解性に富んでいることから，折り曲げられる素材や印刷による大量製造が可能であると期待されている。有機材料には高分子材料と低分子材料がある。高分子材料は分子量のコントロールが難しく，寿命が短いことなどが問題であり，低分子材料が主流となっている。しかしながら低分子材料も低い溶解度が問題となっており，印刷化などの大量製造にはこれら問題点の改善が必要である。

10章　章末問題

10.1 次の記述にあう化合物の構造を示せ。
(a) C_3H_8 の直鎖アルカン
(b) C_5H_{10} のシクロアルカン
(c) C_7H_8 の芳香族化合物

10.2 次の官能基をもつ単純な化合物の構造を示せ。
(a) エーテル
(b) アルコール
(c) アミンとカルボン酸
(d) 二重結合とハロゲン
(e) ケトンと二重結合と芳香環

10.3 次に示す分子の官能基に○をつけよ。

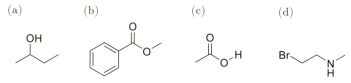

11 エネルギーとエントロピー

11.1 エネルギーの利用

エネルギーは，数百万年前の原始人の時代から火の発見，バイオマスの薪炭の燃焼，人力・畜力・水力・風力から得ていたが，産業革命時には石炭から，現在においては石油から得ている。生物としてのヒトが必要なエネルギー（2000 kcal/日）以上のエネルギーを使い生活を豊かにしている（図 11.1）。

料理や暖房のために都市ガスや石油を燃焼して利用しているが，これは化学エネルギーから熱エネルギーへの変換である*)。自動車は，ガソリン（炭化水素化合物）の化学エネルギーから力学的(機械的)エネルギーへの変換である。特に，現代生活を支える「電気」は，石油石炭の化石燃料の燃焼により得られた熱エネ

*) 都市ガスの主成分・メタン CH_4 を 1 モル（16 g）燃焼すると，2.5 リットル（2500 g）の水を 0°C から 85°C まで温めることができる。

$CH_4 + 2O_2 \rightarrow CO_2 + 2H_2O$

$\Delta H = -890 \text{ kJ} = -212 \text{ kcal}$

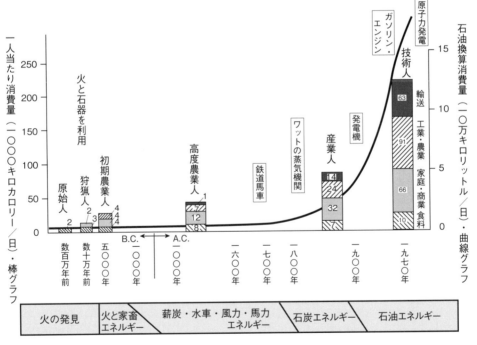

原始人	百年前の東アフリカ，食料のみ
狩猟人	十万年前のヨーロッパ，暖房と料理に薪を使用
初期農業人	B.C.5000 年の肥沃三角州地帯，穀物を栽培し家畜のエネルギーを使用
高度農業人	1400 年北西ヨーロッパ，暖房用石炭・水力・風力を使い，家畜を輸送に利用
産業人	1875 年のイギリス，蒸気機関を使用
技術人	1970 年のアメリカ，電力を使用，食料は家畜用を含む

図 11.1 人類のエネルギー利用の歴史 (Cook, E. Science, 1971 のデータをもとに)
資源エネルギー庁・原子力のページより http://www.atom.meti.go.jp/

11.1 エネルギーの利用

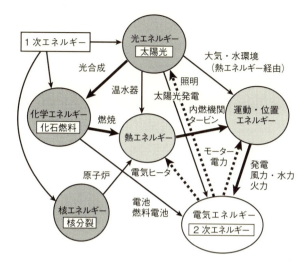

図 **11.2** エネルギー相互変換の関係とその手段
(梶本興亜(編), Step-up 基礎化学, 培風館 (2015))

ルギーを電気エネルギーに変換して得られている。これは，化石燃料のもつ化学エネルギーが熱エネルギー・運動エネルギーを経て電気エネルギーに変換することである（**図 11.2**）。

しかし，その石炭・石油の化石資源も有限で枯渇が懸念されており，その確認埋蔵量からは石油と天然ガスは 50 年程度，ウランと石炭は 100 年くらいと見積もられている。これらの有限であるエネルギー源の利用はエネルギー変換効率が悪く，エネルギーの高効率利用の開発が期待されている。エネルギーとは「仕事を取り出せる能力」である。機械を動かすなどの仕事を考えると電気エネルギーや力学エネルギーはそのエネルギーをすべて仕事に変換することが原理的には可能であるが，熱エネルギーの仕事への変換効率は一般に低い。例えば，熱エネルギーの電気エネルギーへの変換(発電)では変換効率は 1956 年には 25%，2001 年には 40% を超えるようになった。さらに排出される熱エネルギーの利用により，エネルギー利用効率は 53% までに改善されてきているが，コジェネレーションシステムを組み込むことにより 75% の利用効率が目指されている。また，LED は白熱電球の 5 分の 1 の電気で同じ明るさに光るために，照明用の白熱電球を LED に転換することが世界の潮流となっている。白熱電球は電気エネルギーを光エネルギーに変換するが，その変換効率は 10 数パーセントと低く，電気エネルギーのほとんどは熱エネルギーに変換されている。

このようなエネルギーへの理解や利用のため，熱力学が発展してきた。

11.1.1 熱化学とエネルギー保存の法則（熱力学第一法則）

水力発電において，水の持っている位置エネルギーは，水が落下して運動エネルギーとなり発電機の水車を回転させ発電した電気エネルギーと外部に失われた熱エネルギー（摩擦熱），および水車の回転と流れ落ちた水の運動エネルギーの総和に等しい。このように，自然界には「(閉じた系 *) では) エネルギーは (熱

*) ある部屋の室内の空気を系とすれば，部屋の壁を含む部屋の外を外界という。部屋の断熱が完全(気密も完全)であれば，熱(エネルギーの輸送形態)も逃げたり外から入ったりしないし，空気(物質)の出入りもない。また，気密が完全であっても壁を通じて熱の出入りは起こりうる。気密性，断熱性がともにとぼしければ，熱，空気の出入りも起こりうる。これらを言い換えれば，系にはエネルギーも物質も出入りできないもの(孤立した系ないし孤立系という)と，エネルギーは出入りできるが物質は出入りできないもの(閉じた系ないし閉鎖系という)，およびエネルギーも物質も出入りできるもの(開いた系ないし開放系という)の 3 つあることになる。

エネルギーや運動エネルギーのように見かけの形は変化しても）その総量は変わらず保存される」という法則がある．これは，**エネルギー保存の法則**（**熱力学の第一法則**）とよばれている．

　化学反応におけるエネルギー保存の法則：

反応物質の全エネルギー = 生成物の全エネルギー + 放出した

（または獲得した）エネルギー

となる．

11.2　エンタルピー

　一定の圧力（例えば大気圧）の下で，物質の持つエネルギーを**エンタルピー**（enthalpy；記号 H）とよぶ．エンタルピーにとって観測可能で意味があるのはその変化量のみである．化学反応での反応熱などの物質の変化によるエネルギーの出入り（変化量）は反応系の温度の変化などで容易に観測できる．化学反応などの物質の変化が圧力一定の条件（定圧）下で起きるとき，その変化に伴って生ずる反応熱などのエネルギーの出入り量はエンタルピーの変化量 ΔH に等しくなる．

　次のような反応を考えると，

エネルギー (ΔH)

反応物（複数）　—————→　生成物（複数）

この反応のエンタルピー変化 (enthalpy change) ΔH は

$$\Delta H = \sum H_{生成物} - \sum H_{反応物} \tag{11.1}$$

と表わされる．

11.2.1　熱化学方程式とエンタルピー変化

　化学反応に伴って出入する熱量を明示した式を**熱化学方程式**という．349 kJ の熱が発生する炭素（黒鉛）1 mol の燃焼反応についての熱化学方程式は，高校の教科書では (11.2) 式のように表記されている．

$$C(黒鉛) + O_2(g) = CO_2(g) + 394 \ kJ \tag{11.2}$$

この式は通常の化学反応式と異なり，反応物と生成物は矢印（ → ）ではなく等号（ = ）によって結ばれ，各反応物の状態（気体 (g)，液体 (l)，固体 (s)，および，同素体があればその種別）を明示し，反応熱は右端に発熱は正（ + ），吸熱は負（ − ）の符号を付して表記する．このような式には利点もあるが，物質変化に伴うエネルギーの出入りを物理化学的に矛盾なく記述するには，(11.3) 式のようにエンタルピー変化を用いて表さなければならない．したがって，このような表記はこれからは用いない．

11.2 エンタルピー

同じ反応（炭素（黒鉛）1 mol の燃焼反応）をエンタルピー変化（ΔH）で表すと，(11.3) 式のようになる。

$$C_{(黒鉛)} + O_2(g) \longrightarrow CO_2(g) \quad \Delta H = -394 \text{ kJ mol}^{-1} \quad (11.3)$$

エンタルピー変化で反応により出入りするエネルギーを示した (11.3) 式では等号ではなく通常の化学反応式と同様に矢印で化学反応を表記し，エンタルピー変化量 $\Delta H = -394$ kJ mol^{-1} を式の右端に記す。このような式を新たにこれからは**熱化学方程式**または**熱化学反応式**とよぶ。出入りするエネルギーに関しては (11.2) 式と (11.3) 式では符号は反対となる。

化学反応には，黒鉛（炭素）が燃焼する時のように，熱が放出されるような発熱反応（exothermic reaction）と硝酸アンモニウムが水に溶解するときのように熱を吸収する吸熱反応（endothermic reaction）がある。

$$C + O_2 \xrightarrow{\text{燃焼}} CO_2 \quad \text{エネルギー}(\Delta H) \nearrow \quad \text{発熱反応 \quad 負の} \Delta H$$

$$NH_4NO_3 \xrightarrow{\text{水に溶解}} NH_4^+ + NO_3^- \quad \text{エネルギー}(\Delta H) \nwarrow \quad \text{吸熱反応 \quad 正の} \Delta H$$

エネルギーが外に出る発熱反応では ΔH（(11.1) 式で定義される）は負，エネルギーが内に入る吸熱反応では ΔH は正になる。これを図 **11.3** に図示する。

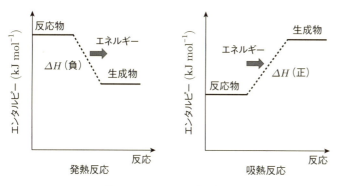

図 **11.3** エンタルピー変化

11.2.2 標準反応エンタルピー変化と標準状態，基準状態

反応物および生成物で形成される反応系が標準状態にある時のエンタルピー変化を標準反応エンタルピー変化といい，$\Delta H°$ と表記する。

標準状態とは，物資が 10^5 Pa (100 kPa) 下で，その物質がもっとも安定な状態のことをいう（定義）[*1]。温度は標準状態の定義に含まれない[*2]。元素の単体の場合，いくつかの同素体があるときはその中の一つの状態が基準状態に選ばれる。通常，最も安定な同素体が選ばれ，グラファイト（黒鉛），ダイヤモンドやフラーレン，カーボンナノチューブなどの同素体がある炭素では，グラファイト

[*1] 実質的に差が微小のため，1013 hPa (1 atm) を用いているテキストも多い。かつては，0°C, 1 atm の状態を標準状態（高校教科書）とすることがあったので，これとは混乱しないようにすること。

[*2] 定義には含まれないが，通常，温度は 25°C とすることが多い。

$$H_2(g) + 1/2 O_2(g) \to H_2O(l)$$
$$\Delta H° = -285.83 \text{ kJ mol}^{-1} \quad (11.4)$$

が基準状態に選ばれる。

11.2.3 標準生成エンタルピー (ΔH_f°)

物質の化学反応の中で、特に重要なエンタルピー変化は物質が生成する時のエンタルピー変化である。「物質 1 mol が標準状態でその物質を形成する成分元素の単体から生成する時の標準エンタルピー変化」のことを**標準生成エンタルピー**といい、重要なデータである。いくつかの単体と化合物の 25°C（298 K）での標準生成エンタルピーを**表 11.1** に示す。

表 11.1 代表的な物質の 25°C での標準生成エンタルピー (ΔH_f°)，標準エントロピー S_f°，標準生成ギブズエネルギー (ΔG_f° [kJ mol^{-1}])

物質と状態	ΔH_f° [kJ mol^{-1}]	S_f° [JK^{-1} mol^{-1}]	ΔG_f° [kJ mol^{-1}]	物質と状態	ΔH_f° [kJ mol^{-1}]	S_f° [JK^{-1} mol^{-1}]	ΔG_f° [kJ mol^{-1}]
C(s)（グラファイト）	0	+5.740	0	F$_2$(g)	0	+202.78	0
C(s)（ダイヤモンド）	+1.895	+2.377	+2.900	HF(g)	-271.1	+173.78	-273.2
CO(g)	-110.53	+197.67	-137.152	Cl$_2$(g)	0	+223.07	0
CO$_2$(g)	-393.51	+213.74	-394.36	HCl(g)	-92.31	+186.91	-95.30
CH$_4$(g)	-74.81	+186.38	-50.72	Br$_2$(l)	0	+152.23	0
C$_2$H$_6$(g)	-84.68	+229.60	-32.82	Br$_2$(g)	+30/907	+245.46	+3.110
C$_2$H$_4$(g)	+52.26	+219.56	+68.15	HBr(g)	-36.40	+198.70	-53.45
C$_2$H$_2$(g)	+226.73	+200.94	+209.20	I$_2$(s)	0	+116.135	0
C$_3$H$_8$(g)	-103.85	+269.91	+23.49	I$_2$(g)	+62.44	+260.69	+19.33
CH$_3$OH(l)	-238.66	+126.8	-166.27	HI(g)	+26.48	+206.59	+1.70
C$_2$H$_5$OH(l)	-277.69	+160.7	-174.78	N$_2$(g)	0	+191.61	0
CH$_3$COOH(l)	-484.5	+159.8	-389.9	NH$_3$(g)	-46.11	+192.45	-16.45
C$_6$H$_6$(l)	+49.0	+173.3	+124.3	NH$_4$NO$_3$(s)	-365.56	+151.08	-183.87
H$_2$(g)	0	+130.684	0	NO$_2$(g)	+33.18	+240.06	+51.31
H$_2$O(l)	-285.83	+69.91	-237.13	N$_2$O$_4$(g)	+9.16	+304.29	+97.89
H$_2$O(g)	-241.82	+188.83	-228.57	S(s, a)（斜方）	0	+31.80	0
O$_2$(g)	0	+205.138	0	SO$_2$(g)	-296.83	+248.22	-300.19

基準状態の単体元素の生成エンタルピーは 0 であることに注意してほしい。

11.2.4 エンタルピー変化の計算および熱化学方程式の留意点

エンタルピー変化に関する留意点を以下に述べる。

(1) エンタルピー変化（ΔH）は反応物、生成物の物質量（何モル反応し、何モル生成するか）を示さなければ議論できない。通常それは化学反応式で示す。エンタルピー変化は、反応などで消費される物質の量、したがって生成する物質の量に依存する。これを示量的な性質という。反応する物質（反応物）の物質量を変えた場合の ΔH は比例計算で簡単に求められる。

(2) 反応式（熱化学反応式）においては反応物と生成物の物理的状態を明確に示さなくてはならない。

水素と酸素の反応で水が生成する反応においては、生成する水が気体の水蒸気

11.2 エンタルピー

であるか液体の水であるかによってエンタルピー変化(ΔH)が異なる。気体の水(水蒸気)を生成する時と液体の水を生成する時のこれら二つの反応のエンタルピー変化の差

$$-285.83 - (-241.82) = -44.01 \text{ kJ mol}^{-1}$$

は,気体の水(水蒸気) 1 mol が凝縮して液体の水 1 mol になるときに放出されるエネルギー(熱)である。

(3) エンタルピー変化は反応ルートに依らない。このことは,反応が複数のルートで起こりうるとき,どのルートを通ってもエンタルピー変化は同じであることを意味している。

これは,**ヘスの法則**(Hess's law)として知られている。これをわかりやすく臭化水素の生成反応を例にとって示そう。

臭化水素は $H_2(g)$ と $Br_2(l)$ との直接一段階反応で 2 モルの臭化水素ガスを生成する(ルート A)。

$$\frac{1}{2}H_2(g) + \frac{1}{2}Br_2(l) \longrightarrow HBr(g) \quad \Delta H^\circ = -36.4 \text{ kJ mol}^{-1} \quad (11.5)$$

臭化水素は,(11.6) 式,(11.7) 式のような 2 段階の反応ルートでも得ることができる(ルート B)。

$$\frac{1}{2}Br_2(l) \longrightarrow \frac{1}{2}Br_2(g) \quad \Delta H^\circ = +15.5 \text{ kJ mol}^{-1} \quad (11.6)$$

$$\frac{1}{2}H_2(g) + \frac{1}{2}Br_2(g) \longrightarrow HBr(g) \quad \Delta H^\circ = -51.9 \text{ kJ mol}^{-1} \quad (11.7)$$

これらの反応ルートとエンタルピー変化を図 11.4 に示す。

$$\Delta H_{(\text{ルート A})} = \Delta H_{(\text{ルート B})} + \Delta H_{(\text{ルート B})} = (+15.5) + (-51.9) = -36.4 \text{ kJ mol}^{-1} \quad (11.8)$$

(4) 正反応と逆反応の標準エンタルピー変化(ΔH°)は絶対値が等しく符号が反対である。したがって,正反応が発熱的である反応では逆反応は吸熱的となる。

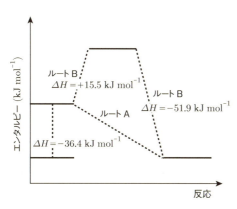

図 11.4 HBr の二つの生成ルート:ヘスの法則

11.2.5 標準生成エンタルピー (ΔH_f°) と化合物の安定性

標準生成エンタルピー ΔH_f° の値は，その物質が成分元素の単体と比較してどの程度安定であるかを大まかに見積もる尺度となる。$\Delta H_f^\circ > 0$ の化合物は，その成分元素の単体より高いエンタルピーを持ち吸熱の化合物であり，$\Delta H_f^\circ < 0$ の化合物はその成分元素単体よりエンタルピーが低くなるので，発熱の化合物である。

ΔH_f° の値は化合物と成分元素の単体とのエンタルピーの差をしめすものであるから，$NH_3(g)$ と $CO_2(g)$ のように共通の元素を持たない化合物の ΔH_f° を比較するのは無意味である。しかし，ハロゲン化水素のような一連の化合物の場合には比較が有益となる。ここに示されるように，ハロゲンの原子半径が大きくなるにつれ安定性が低下することが理解される。これは，$HI(g)$ がハロゲン化水素の中で最も不安定で室温で分解するという事実と符合する。しかし注意しなければならないのは分解反応の速度については ΔH_f° の値からは予測することはできない。

HX	HF(g)	HCl(g)	HBr(g)	HI(g)
ΔH_f° [kJ mol^{-1}]	-271	-92	-36	$+27$

11.2.6 その他の重要なエンタルピー変化

化学反応を理解する上でいくつかの重要なエンタルピー（変化）をここで説明する。

(1) 燃焼エンタルピー

燃焼エンタルピー（combustion enthalpy：ΔHc°）とは，ある物質 1 mol が酸素中で燃焼するときの標準エンタルピー変化をいう。メタンを例にとると，その燃焼は

$$CH_4(g) + 2O_2(g) \longrightarrow CO_2(g) + 2H_2O(l) \qquad \Delta Hc^\circ\ (25^\circ C) = -890\ \text{kJ}$$

とあらわされる。

(2) 格子エンタルピー

1 mol の結晶が分解して 1 個ずつばらばらの粒子になるときの標準エンタルピー変化を**格子エンタルピー** (lattice enthalpy：ΔH_l°) という。

例えば，25°C で標準状態で純粋の塩化ナトリウム結晶 1 mol の結晶格子を壊して気体状のナトリウムイオンと塩化物イオンにするためには 771 kJ のエネルギーが必要である。

$$Na^+Cl^-(s) \longrightarrow Na^+(g) + Cl^-(g) \qquad \Delta H_l^\circ\ (25^\circ C) = +771\ \text{kJ}$$

同条件で，1 mol の気相ナトリウムイオンと 1 mol の気相塩化物イオンが反応，凝縮して 1 mol の塩化ナトリウム結晶が生成する時は，原系（反応系）と生成系が逆になるので，

$$Na^+(g) + Cl^-(g) \longrightarrow Na^+Cl^-(s) \qquad \Delta H_l^\circ\ (25^\circ C) = -771\ \text{kJ}$$

11.2 エンタルピー 113

格子エンタルピーはイオン結晶の安定度の目安となる。定性的には，格子エンタルピーの大きい結晶はより安定であると考えられる。

(3) 結合解離エンタルピー

二つの原子が共有結合していると，この結合を切断して二つの原子を引き離すにはエネルギーが必要である。例えば，AB という分子の A – B 結合の均一な切断，解離は，

$$A - B(g) \longrightarrow A(g) + B(g) \quad (反応物，生成物どちらも気体)$$

と表わせる。

標準状態で気体分子の特定の結合を均一に切断するのに必要なエネルギー量は（標準）**結合解離エンタルピー**（(standard) bond dissociation enthalpy：$\Delta H^{\circ}_{\text{A-B}}$）とよばれる。

例えば，塩素分子の均一解離反応の25°Cでの標準エンタルピー変化は，Cl-Cl 結合 1 mol あたり 242 kJ であるので，$\Delta H^{\circ}_{\text{Cl-Cl}} = 242 \text{ kJ mol}^{-1}$ となる。

$$Cl_2 \longrightarrow Cl\bullet + Cl\bullet \quad \Delta H^{\circ}_{\text{Cl-Cl}} = 242 \text{ kJ mol}^{-1}$$

代表的な結合解離エンタルピーを**表11.2**に示した。

表 11.2 標準結合エンタルピー（結合解離エンタルピー）

結合	$\Delta H_{\text{A-B}}(25°C) \text{ [kJ mol}^{-1}]$	結合	$\Delta H_{\text{A-B}}(25°C) \text{ [kJ mol}^{-1}]$
H–H	436	F–F	158
N≡N	945	Cl–Cl	242
O=O	497	H–F	565
OC=O	531	H–Cl	431
$H_2C=CH_2$	699	H–Br	366
H_3C–Cl	339	H–I	299

(4) 平均結合エンタルピー

C–H, C–C, C=C, C=O のような結合の結合解離エネルギーは分子の構造により多少異なり，反応に影響を与える（有機反応では特に）ことがあるが，桁が違うほど大きくは違わない。そのため二つの原子の結合 (A–B) の結合解離エンタルピーをいくつかの異なる分子について平均した値は平均結合エンタルピーとよばれる。いくつかの平均結合エンタルピーを**表11.3**に示した。

平均結合エンタルピーは，標準生成エンタルピーがわからない物質がかかわる反応のエンタルピー変化を推定するのに役立つが，この値は異なる構造の分子についての結合解離エンタルピーを平均したものなので，ΔH° の計算値にかなりの誤差を生じることがあるので注意しなければならない。

表 11.3 標準結合エンタルピー（平均結合エンタルピー）

結合	$\Delta H_{\text{A-B}}(25°\text{C})$ [kJ mol^{-1}]	結合	$\Delta H_{\text{A-B}}(25°\text{C})$ [kJ mol^{-1}]
C–H	412	O–H	463
C–C	348	N–N	163
C=C	612	N–H	388
C–O	743	C–Cl	338

11.3 エントロピー —— 自然に起こる変化の方向

　ある現象（反応）が自然に起こるかどうかを判断する基準としては，現象（反応）の前後における系のエネルギー（**エンタルピー**）差を考えることである。炭素（グラファイト）と酸素の反応（完全燃焼）は大きな発熱を伴う反応であり二酸化炭素が生成する。発熱を伴うことから，エンタルピー変化が負の反応，すなわち反応系は，高いエネルギー状態から低いエネルギー状態つまり安定な状態に移ったといえる。それでは，安定化のエネルギーが得られない現象（反応）は自然界では起こらないのであろうか。このことについて詳しくは反応速度論（第8章）を含めて議論しなければならないが，熱力学的（エンタルピーの正負）観点からみて，硝酸アンモニウムの水への溶解現象（11.2.1 参照）が吸熱反応であり，エンタルピー変化が正の不安定な状態に移る反応であるにもかかわらず，この溶解現象が自然界で起こることはどのように説明できるのであろうか。

　ここでは，分子や原子の乱雑さに関係する**エントロピー**（エンタルピーと混同しないこと！）の概念を導入し，それにより自然界における物質系の変化の方向とその程度がより正しく物理化学的に解釈できることを明らかにする。

11.3.1 エントロピーとエントロピー変化

　エントロピーとは乱雑さの度合いで，記号 S で表す。エントロピーはエンタルピー (H) と同様，状態量で，その変化のみが意味を持つ。エントロピー変化 ΔS は変化の経路によらず最初と最後の状態のみに依存する。

　エントロピーが表す系の乱雑さは系に加えられた熱に比例して増大する。したがって，エントロピー変化 ΔS は系に加えられた熱 Q[*] に比例すると考えられる。また，ΔS は熱が加えられる時の系の温度 T には反比例する。このことをふまえ，定温過程のエントロピー変化を

$$\Delta S = Q/T \qquad (T = \text{一定}) \tag{11.9}$$

と定義する。

*) ここでの Q は変化が可逆過程のとき加えられる熱である。

11.3.2 自発的に起こる物資の変化―エントロピー増大の法則（熱力学の第二法則）

　熱いお茶を室温 25°C の部屋に放っておくと冷めてしまう。このことは自然（自発的）に起きる現象で，お茶の熱が周囲に移動（乱雑に分散）していくことにより起こる。熱いお茶が周囲から熱を奪って沸騰してしまうことはない。これは自然界ではエネルギーは乱雑に分散する傾向があるということを示している。

11.3 エントロピー —— 自然に起こる変化の方向 115

自然に起こる変化の方向を決めるファクターとしてのエントロピー変化について述べたものを**エントロピー増大の法則（熱力学の第二法則）**といい，次のように記述される。

「自発的に起こるすべての過程において，自然界（宇宙）のエントロピーは常に増大する」

ここでいう自然界（宇宙）のエントロピーとは，系（反応系など）とその外界のエントロピー変化の総和であることに注意しなければならない。

$$\Delta S_{全体} = \Delta S_{系} + \Delta S_{外界} \tag{11.10}$$

つまり，系のエントロピーは減少しても，それを上回るエントロピーの増大が外界で起これば，その変化は自然（自発的）に起こりうるということである。

ここでこの節の初めに述べた熱の移動は起こらないことを例として，自然に起こる変化の過程ではエントロピーは常に増大することを確かめておこう。系から外界に熱 Q が温度 T の下で可逆的に移動するとき，

$$\Delta S_{全体} = \Delta S_{系} + \Delta S_{外界} = -Q/T + Q/T = 0 \tag{11.11}$$

これに対し不可逆的に熱が移動するためには，系の温度 $T_{系}$ が外界の温度 $T_{外界}$ よりも高温でなくてはならないから，

$$\Delta S_{全体} = \Delta S_{系} + \Delta S_{外界} = -Q/T_{系} + Q/T_{外界} > 0 \tag{11.12}$$

となり，エントロピーは増大する。つまり，自発的に起こる変化の過程では，$\Delta S_{全体} \geqq 0$ である（$\Delta S_{全体} = 0$：可逆過程，$\Delta S_{全体} > 0$：不可逆過程）。

ここで，自然に起こる変化というのは，速度とは無関係である。熱力学からは変化の方向とその程度がわかるのであって，そこには速度についての情報は含まれないことには注意する必要がある。

11.3.3 物質のエントロピー（熱力学の第三法則）

ある反応でのエントロピー変化を評価する場合，物質にそれぞれエントロピー値が割り当てられていれば，反応の前後のエントロピー変化は容易に計算できる。定性的には同じ温度であれば気体は液体より，液体は固体よりそれらを構成する成分（分子，原子，イオンなど）の乱雑さは大きく，したがって，エントロピーは大きいと考えられる。しかしながら，エントロピーの値を物質にそれぞれ割り振る場合の尺度はどのようなものにすれば良いのだろうか。

ここで**熱力学の第三法則**という重要な法則が登場する。

「純粋な結晶性の物質の絶対零度（0K）でのエントロピーは 0 に等しい」

この法則を利用して，標準状態で求めたエントロピーを物質の標準エントロピーといい，$S°$ で表す。**表 11.1** にいくつかの物質の 25°C での標準エントロピーの値も示す。これらの値を用いて，反応系の標準エントロピー変化 $(\Delta S°)^{*)}$ を求めることができる。

*) 正確には $\Delta S°$ 系であるが，特に区別する必要がない場合 $\Delta S°$ と略記する。

$$\Delta S° = \sum(生成物の\ S°) - \sum(反応物の\ S°) \tag{11.13}$$

【例題 11.1】 エンタルピーおよびエントロピーの面から考えて，次の 2 つの反応が，それぞれどのように進行するのかを考察しなさい。

a) $2C_2H_6(g)+7O_2(g) \longrightarrow 4CO_2(g)+6H_2O(g)$

b) $2H_2(g)+O_2(g) \longrightarrow 2H_2O(l)$

答 (11.13) 式および表 11.1 のデータから

a) $\Delta S^\circ = \left\{ 4 \text{ mol} \times (213.74 \text{ JK}^{-1} \text{ mol}^{-1}) + 6 \text{ mol} \times (188.83 \text{ JK}^{-1} \text{ mol}^{-1}) \right\}$

$\qquad - \left\{ 2 \text{ mol} \times (229.60 \text{ JK}^{-1} \text{ mol}^{-1}) + 7 \text{ mol} \times (205.138 \text{ JK}^{-1} \text{ mol}^{-1}) \right\}$

$\qquad = 92.78 \text{ JK}^{-1}$

b) $\Delta S^\circ = 2 \text{ mol} \times (69.91 \text{ JK}^{-1} \text{ mol}^{-1}) - \left\{ 2 \text{ mol} \times (130.684 \text{ JK}^{-1} \text{ mol}^{-1}) \right.$

$\qquad \left. + 1 \text{ mol} \times (205.138 \text{ JK}^{-1} \text{ mol}^{-1}) \right\} = -326.69 \text{ JK}^{-1}$

a) のエタンの酸化（燃焼）反応（発熱反応：$\Delta H < 0$）では，$\Delta S^\circ > 0$ となり，自然に反応が進行することが示される。

b) の液体の水が生成する反応は $\Delta S^\circ < 0$ で一見反応は自然に起こらないように見えるが，この反応では大きな負のエンタルピー変化（$\Delta H^\circ = -571.6$ kJ）によるエネルギーの安定化があり，これが外界ひいては全体のエントロピーを増大させ反応が自然に進行する。

エンタルピー変化が外界のエントロピー変化にどのように関係してくるのかについては次節で論じる。

11.4 ギブズの自由エネルギー

自然界で起こる自発的な反応として空気中の酸素による金属の酸化反応（錆）がある。この反応の 25°C での標準エンタルピー変化（ΔH°）と標準エントロピー変化（ΔS°）を考えてみる。

$$4Fe(s) + 3O_2(g) \longrightarrow 2Fe_2O_3(s) \qquad (11.14)$$

ΔH_f° [kJ mol^{-1}]　　　0　　0　　-824.2

S° 　[JK^{-1}mol^{-1}]　27.3 205.0　87.4

$\Delta H^\circ = 2 \times (-824.2) - (0+0) = -1648.4 \text{ kJ}$

$\Delta S^\circ = 2 \times (87.4) - \{4 \times (27.3) + 3 \times (205.0)\}\} = -549.4 \text{ JK}^{-1}$

となり，大きな発熱とエントロピーの減少を有する反応である。

さきにも注意点として述べたように，宇宙で自然に起こる変化か否かを考慮する際は，反応系のエントロピー変化だけではなく，その変化によって起こる外界のエントロピー変化も考慮に入れなくてはならない。この反応では大きな発熱によるエネルギーが反応系から外界に流出し，それによって外界のエントロピー変化（ひいては反応系と外界の和としての宇宙のエントロピー変化）が増大すると

11.4 ギブズの自由エネルギー

考えられる。外界で起こるエントロピー変化は，外界に流出する熱をその流出が起きた時の温度で割ることで求められる。圧力と温度が一定の過程では，外界に流出する熱は，系で生じたエンタルピー変化の符号を逆にしたものに等しく，鉄の酸化で起こる外界の（標準）エントロピー変化 (25°C) は，したがって，

$$\Delta S^{\circ}_{外界} = Q_{外界}/T = -\Delta H^{\circ}/T = -1648.4 \times 10^3/298 = 5532 \text{ JK}^{-1}$$

となる。よって，エントロピー変化の総和は

$$\Delta S^{\circ}_{全体} = \Delta S^{\circ}_{系} + \Delta S^{\circ}_{外界} = -549.4 + 5532 = 4983 \text{ JK}^{-1}$$

となり，非常に大きなエントロピーの増大となり，鉄が酸化されて錆びる現象は自然に起こる変化であるといえる。

ある状態でのエントロピー変化の総和は

$$\Delta S_{全体} = \Delta S + \Delta S_{外界} = \Delta S - \Delta H/T$$

であり，よって

$$-T\Delta S_{全体} = \Delta H - T\Delta S \tag{11.15}$$

となる。ここで，$G = H - TS$ なる新たな状態量を G を導入する。

これは，**ギブズの自由エネルギー** (Gibbs free energy) とよばれるもので，一定の温度（T）と圧力（p）での変化においては，

$$\Delta G = \Delta H - T\Delta S \tag{11.16}$$

であり，反応物，生成物共に標準状態にあれば，

$$\Delta G^{\circ} = \Delta H^{\circ} - T\Delta S^{\circ} \tag{11.17}$$

であり，標準自由エネルギー変化が求められる。

(11.16) 式と (11.17) 式から，ギブズの自由エネルギー変化 ΔG は，エンタルピー変化とエントロピー変化が組み合わさったものであることがわかる。よって，ギブズの自由エネルギーの正負が反応の方向を決定することとなる。つまり，

$\Delta G < 0$ 　自発的に起こる変化

$\Delta G > 0$ 　非自発的，自然に起こらない変化

$\Delta G = 0$ 　平衡状態

変化の過程が発熱であり（$\Delta H < 0$），かつエントロピー変化が正（ΔS）の反応は，$\Delta G < 0$ となり，自発的に進行する反応であることがわかる。また，変化の過程が吸熱（$\Delta H > 0$）であってもエントロピー変化が大きな正の値を持てば，反応全体で $\Delta G < 0$ となれば，反応は自発的に進行する。

11.4.1 標準生成自由エネルギー（ΔG°_f）

標準生成エンタルピーと標準エントロピーからギブズの**標準生成自由エネルギー**（Standard Gibbs energy of formation 以降，この節ではギブズを省略する）ΔG°_f が求められる（エンタルピー変化：ΔH では通常エネルギーの単位は「kJ」

を用いるのに対し，エントロピー変化：ΔS ではエネルギーの単位は通常「J」であることに注意）。標準生成自由エネルギーは標準状態にある 1 mol の物質が，やはり標準状態にある単体から生成する場合の標準自由エネルギーの差であって，標準生成エンタルピーの定義と似ている。

表 11.1 に代表的な物質の 25°C での標準生成自由エネルギー（ΔG_f° [kJ mol^{-1}]）を示した。標準生成エンタルピーと同様，単体の標準生成自由エネルギーは 0 である。標準生成エンタルピーの値から反応の標準エンタルピー変化を求められるのと同様，標準生成自由エネルギーからも反応の標準自由エネルギー変化を求めることができる。

$$\Delta G^\circ = \sum (\text{生成物の}\Delta G_f^\circ) - \sum (\text{反応物の}\Delta G_f^\circ) \tag{11.18}$$

11章　章末問題

11.1　メタンの生成熱を求めよ。生成する水は液体とする。水素，炭素（黒鉛），メタンの燃焼熱は，286 kJ mol^{-1}，394 kJ mol^{-1}，891 kJ mol^{-1} である。

11.2　表 11.3 の値を用いて，水素（1 mo）と塩素（1 mo）から，2 mol の塩化水素が生成するときに発生する熱量を求めよ。

11.3　メタノールの燃焼熱を求めよ。

12 身の回りを豊かにする材料

12.1 高分子

　現代の生活は，プラスチック・繊維・ゴムなどさまざまな高分子材料によって支えられており，衣食住に限らず多くの分野で利用されている。例えば，綿・絹・羊毛（セルロースやタンパク質）に代表される天然繊維やその代替となるナイロン・エステル・アクリルなど合成繊維から衣服が作られ，食の分野では，ペットボトルやカップ麺の容器など，住においては，屋根に用いられる防水シートやソファー・いすのクッションなどに加えて，身近なところでは携帯電話・パソコン・タブレットのケース，コンタクトレンズ・メガネのレンズなど，高分子材料は全世界で1年間に約2.6億トンの生産がされており，日本における割合はその5%と，現代社会の生活では欠かせないものとなっている。さまざまな高分子材料を理解するために，まずは高分子の基礎について説明する。

　高分子（polymer）は，基本的に同じユニットが繰り返し連なった構造をもち，10000以上の分子量をもつ化合物をさす[*1]。ユニットの繰り返し単位もしくは原料をモノマー（monomer），モノマーの繰り返された度合いを重合度とよぶ。そして，高分子の命名は，慣用名を除くと一般的に接頭語として"ポリ＋モノマー"で構成されていることから，名前からポリマーの構造が容易に理解することができる。また高分子は，生物や植物により生産される天然高分子と人工的に合成された合成高分子に大別される。天然高分子については，13章で取り上げるので，ここでは合成高分子についてみていく。高分子の合成方法は，① 付加重合（addition polymerization），② 重縮合（polycondensation），③ 重付加（polyaddition），④ 開環重合（ring-opening polymerization），⑤ 付加縮合（addition condensation）の5つに分けられる（図12.1）。

*1) 分子量が10000未満の重合体は，一般的にオリゴマー（oligomer）とよぶ。

(1) 付加重合（addition polymerization）

　ラジカルやイオン（カチオン・アニオン）といった活性種を**開始剤**（initiator）に利用して，モノマーの二重結合を開裂し活性末端を移動させることでモノマーを次々と取り込みながら高分子を得る。付加重合の素反応[*2]は，開始反応→成長反応→停止反応がある。付加重合に利用される開始剤によって，**ラジカル重合**（radical polymerization）・**カチオン重合**（cationic polymerization）・**アニオン重合**（anionic polymerization）に区別される。付加重合は二重結合を有するモノマーの重合に利用され，ポリエチレン・ポリプロピレン・ポリスチレン・ポリメタクリル酸メチルなどが得られる。

*2) 反応全体を構成する個々の反応

① 付加重合

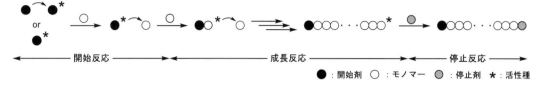

② 重縮合

② 重付加

④ 開環重合

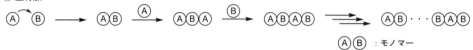

⑤ 付加縮合

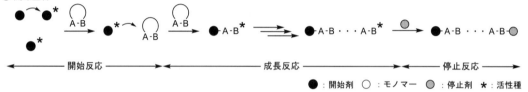

図 12.1 高分子合成反応

*1) 反応性の高い官能基を2つ分子内にもつモノマー

*2) 生成物の形成と共に水を生成する反応を特に脱水反応といい，生成物の他に脱離化合物を伴う反応を指す。

*3) 反応性の高い官能基を2つ分子内にもつモノマー

(2) 重縮合（polycondensation）

単独もしくは複数の二官能性モノマー*1)を利用して縮合反応*2)を伴って高分子を得る方法である。重縮合で高分子量体を得るためには，脱離化合物と系外へ除去しなければならない。重縮合は，ポリエステル（ポリエチレンテレフタレート）・ポリアミド（6,6-ナイロン）・ポリ芳香族カーボナートの合成に利用される。

(3) 重付加（polyaddition）

複数の二官能性モノマー*3)を利用して一方のモノマーに他方のモノマーを付加させることで高分子を得る方法である。重付加は，ポリウレタン・ポリウレア・エポキシ樹脂などの合成に利用される。

12.1 高分子

(4) 開環重合 (ring-opening polymerization)

付加重合と同様な活性種を開始剤に利用して，環状のモノマーを開裂させることで活性末端を移動させ，モノマーを取り込む重合方法である．開環重合は，ポリエステル（ポリ乳酸）・ポリアミド（6-ナイロン）・ポリエーテル（ポリエチレンオキシド）などの合成に利用される．

(5) 付加縮合 (addition condensation)

フェノール樹脂の一つであるノボラックを例に挙げて説明する．フェノールとホルムアルデヒドを酸性触媒下で反応させることで付加反応と縮合反応によりフェノールがメチレンで橋架けされた高分子が得られる．付加縮合は，フェノール樹脂（ノボラック樹脂，レゾール樹脂，ベークライト®）・キシレン樹脂・ウレア樹脂・メラニン樹脂の合成に利用される．これらの樹脂は高分子化の際に架橋剤もしくは加熱によって硬化させることで，線状ではなく3次元的な高分子構造をもった架橋高分子として利用される．

高分子は，骨格を構成するモノマーの構造やモノマーの配列によって，その物性に影響を与える．付加重合，重縮合，開環重合で得られる高分子は，基本的に鎖状構造をとり鎖状高分子といい，$CH_2=CH-X$ のような置換基 X を有するオレフィンモノマーの付加重合で説明すると，置換基が結合している炭素を頭とすると，頭–尾結合 (head to tail)，尾–頭結合 (tail to head)，頭–頭結合 (head to head)，尾–尾結合 (tail to tail) によって高分子鎖を構成する．さらには，二重結合が開裂した後，置換基 X が高分子鎖の手前もしくは奥側に配置することが可能であり，一方の向きで配置された高分子を**アイソタクチックポリマー**，手前と奥側の配置が交互になっている高分子を**シンジオタクチックポリマー**，ランダム配置になっている高分子を**アタクチックポリマー**とよぶ（図 12.2）．また2種類以上のモノマーを使用する重合を**共重合反応** (copolymerization) とよび，高分子に導入されたモノマーの配列で，**ブロック共重合体** (block copolymer)・**ランダム共重合体** (random copolymer)・**交互共重合体** (alternating copolymer)

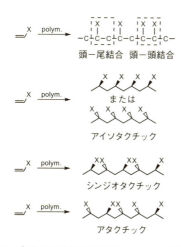

図 12.2 高分子鎖を構成するモノマーの配列と配向

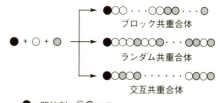

図 12.3 共重合体の種類

*1) ブロック共重合体：2種類のモノマーのそれぞれ単独でセグメント化している共重合体のこと。
ランダム共重合体：2種類のモノマーの配列に規則性がない共重合体のこと。
交互共重合体：2種類のモノマーが交互に配列した共重合体のこと。

*2) 重合度 i の分子数を N_i としてその分子量を M_i とすると，重合度 i のモル分率 x_i は，$x_i = N_i/\Sigma N_i$ と，重量分率 w_i は $w_i = M_i N_i / \Sigma M_i N_i$ で求められ，平均分子量と多分散度は次式で計算される。

$$M_n = \Sigma M_i x_i$$
$$= \Sigma M_i N_i / \Sigma N_i$$
$$M_w = \Sigma M_i w_i$$
$$= \Sigma M_i^2 N_i / \Sigma M_i N_i$$
$$\text{PDI} = M_w / M_n$$

と区別される（図 12.3）[*1]。

また合成高分子は，生合成されたタンパク質のように単一の分子量ではなく，さまざまな分子量の混合物で得られる。そのため，単純な分子量として評価することができない。そこで，**数平均分子量**（$\overline{M_n}$：number-average molecular weight）や**重量平均分子量**（$\overline{M_w}$：weight-average molecular weight）とする平均分子量を求め，**多分散度**（$\overline{M_w}/\overline{M_n}$：polydispersity index：PDI）と併せて評価する[*2]。高分子の分子量測定には，ゲル濾過クロマトグラフィー（GPC：gel permission chromatography），粘度法，光散乱法，マトリックス支援レーザー脱離イオン化飛行時間型質量分析（MALDI-TOF-MS：matrix assisted laser desorption ionization time of flight mass spectrometry）といった分析が用いられる。

高分子は，ユニットの骨格や配置・配列などの要素によって，**非晶性高分子**（アモルファス）と**結晶性高分子**に分類される。非晶性とは，複数の高分子鎖が絡まり，ガラスのように凍結した状態であり，加熱されると凍結していた高分子鎖がミクロブラウン運動を開始する温度を**ガラス転移点**（glass transition temperature：T_g）として評価する。非晶性高分子の一般的な熱挙動としては，分子鎖が凍結した状態から加熱していくと，ガラス転移点を通過して熱分解に至る。一方，結晶性高分子は，低分子のような結晶とは異なり，完全な結晶ではなく，高分子鎖が規則的に配列した結晶領域と非晶領域を併せ持った高分子である。そのため，ガラス転移点 T_g に加えて融点 T_m で評価される。結晶性高分子の熱挙動（図 12.4）では，ガラス転移を迎えた後に再結晶化と融解を経て熱分解が起こる。また高分子材料は熱物性によって区別がされ，加熱することで融解もしくは柔らかくなる高分子材料を**熱可塑性樹脂**とよび，加熱することで，製品への加工・成型がされる。反対に加熱することで硬化する高分子を**熱硬化性樹脂**といい，熱硬化性樹脂は，加熱後の加工・成型が難しいため，高分子化反応と成型を同時に行うことが多い。熱硬化性樹脂には，ウレタン樹脂やウレア樹脂やノボラックといった架橋高分子がある。

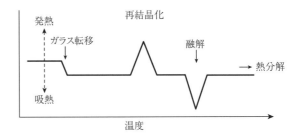

図 12.4 結晶性高分子の熱挙動

12.2 高分子材料

ここでは，現在活躍する基礎的な材料について紹介する。実際には，これらの材料の他にも多くの材料が利用され，さらには高分子材料を組み合わせ複合化する

12.2 高分子材料

ことで材料双方の欠点を補わせ，単一の材料では満たすことができない性質を発現させることで，実用上必要な性質や物性を得ている。高分子材料は，耐熱性[*]によっておおまかに汎用樹脂，エンジニアリングプラスチック，スーパーエンジニアリングプラスチックに大別されている。

*) 耐熱性とは，熱分解温度とは限らず，熱変形温度や連続使用温度などのさまざまな要素をさす。

- **ポリオレフィン（polyolefine）**

  モノマーの二重結合を開裂させて得られる重合体の総称。ラジカルもしくはイオン重合で得られる。主鎖が脂肪族性なため，耐熱性は高くないが，安価で汎用樹脂として利用される。さらに高分子合成時に複数のモノマーを使用することで，さまざまな用途に適した材料を得ることができる。

- **ポリエチレン（PE：polyethylene）**

  エチレンの重合体。重合方法によって，ポリエチレンの特徴が異なり区別される。

- **低密度ポリエチレン（LDPE）**

  高温・高圧重合法によって得られるため，主鎖に対して分岐した側鎖を有する特徴をもつ。五大汎用樹脂の一つである。

  用途：フィルム，ごみ袋，電線被膜など。

- **高密度ポリエチレン（HDPE）**

  チグラー・ナッタ触媒（$Et_3Al–TiCl_4$）で低温・低圧重合法によって得られる側鎖がほとんどない構造をもつ。五大汎用樹脂の一つである。耐水性，耐溶剤性，耐薬品性に優れている。

  用途：フィルム，パイプ，レジ袋，自動車のガソリンタンクなど。

- **ポリプロピレン（PP：polypropylene）**

  プロピレンの重合体。重合したプロピレンユニットのメチル基の配置によって，ポリプロピレンの特徴が異なり区別される。しかし，シンジオタクチックポリプロピレン（2方向のメチル基が交互に配置した立体規則的なプロピレン重合体）とアタクチックポリプロピレン（メチル基の配置がランダムなプロピレン重合体）は，ほとんど工業化されていない。

- **アイソタクチックポリプロピレン（IPP）**

  メチル基が1方向で配置した立体規則的なプロピレン重合体。チグラー・ナッタ触媒（$AlEt_3–TiCl_3$）で得られる結晶性高分子で，引っ張り強度，衝撃強度，耐熱性，電気的特性に優れた五大汎用樹脂の一つである。

  用途：家庭用品（食器，容器，カーペット），包装フィルム，パイプなど。

- **ポリスチレン（PS：polystyrene）**

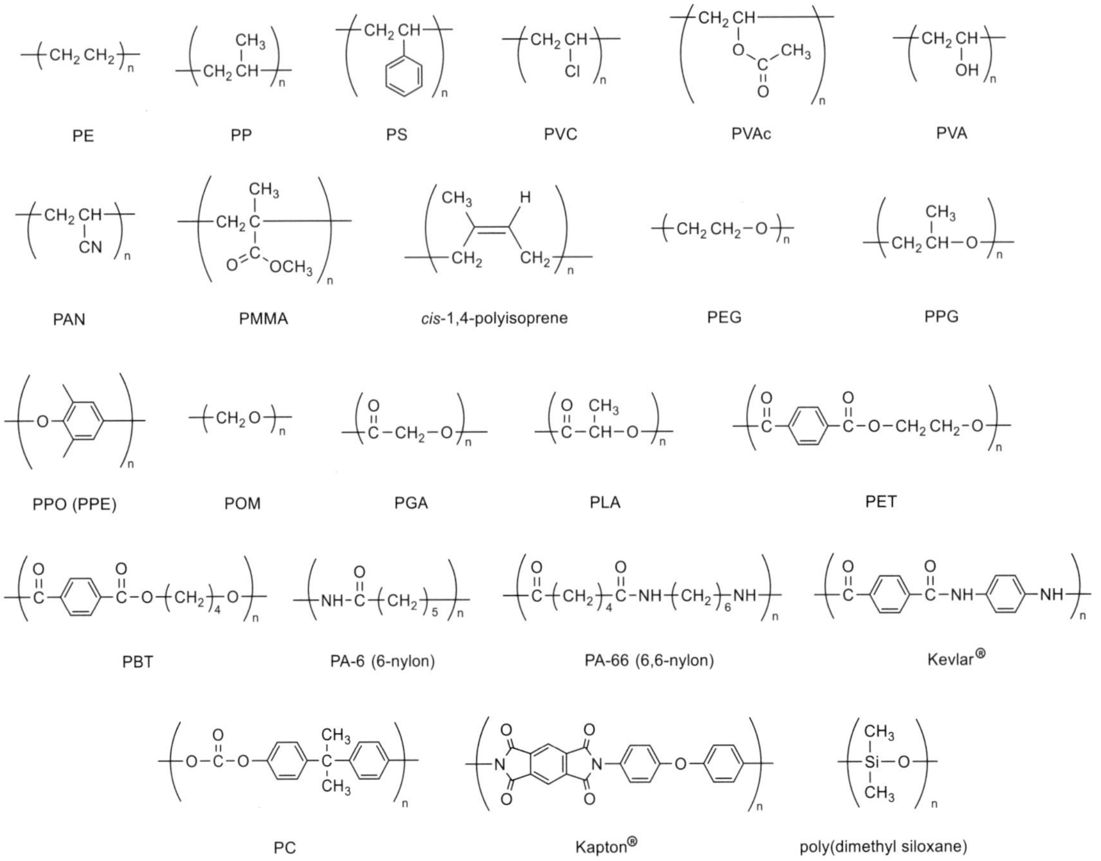

PE PP PS PVC PVAc PVA

PAN PMMA *cis*-1,4-polyisoprene PEG PPG

PPO (PPE) POM PGA PLA PET

PBT PA-6 (6-nylon) PA-66 (6,6-nylon) Kevlar®

PC Kapton® poly(dimethyl siloxane)

図 12.5 高分子の構造

スチレンの重合体。五大汎用樹脂の一つで、無色透明で低誘電率、低吸水性、成型加工性が良いことから、日用品からさまざまな分野で利用される材料である。

用途：玩具（プラモデル）、ケース、発泡スチロールなど。

- ポリ塩化ビニル（PVC：poly(vinyl chloride)）

塩化ビニルの重合体。五大汎用樹脂の一つで、耐水性、耐酸性、耐アルカリ性、電気絶縁性に優れた難燃性材料である。PVC は硬いため、実際には可塑剤を添加して利用されるが、添加量により軟質と硬質に分類される。

用途：食品用ラップ、パイプ、フィルム、シート、電線被覆材、ホース、建材など。

- ポリ酢酸ビニル（PVAc：poly(vinyl acetate)）

酢酸ビニルの重合体。

用途：テープ、接着剤、塗料、チューイングガム、ポリビニルアルコールの原料など。

12.2 高分子材料

- **ポリビニルアルコール**（PVA：poly(vinyl alcohol)）

  ビニルアルコールの重合体。しかし直接，合成することができないため，ポリ酢酸ビニルを鹸化（塩基による加水分解）して得られる。PVA は，PVAc から得られるため，アタクチック構造と考えられるが，水素結合により結晶性を示す。

  用途：塗料，糊，接着剤，乳化剤など。

- **ポリアクリロニトリル**（PAN：polyacrylonitrile）

  アクリロニトリルの重合体。三大合成繊維の一つで，アクリル繊維とよばれ，天然繊維の一つである羊毛に対応している。さらに炭化させることで，炭素繊維が得られる。

  用途：毛布，セーター，繊維，炭素繊維の原料

- **ポリメチルメタクリレート**（PMMA：poly(methyl methacrylate)）

  メタクリル酸メチルの重合体。特に透明性に優れ有機ガラスの代表であるが，熱物性に弱い。

  用途：レンズ（コンタクト，カメラ用など），光ファイバー，航空機の窓など

- **ポリイソプレン**（polyisoprene）

  イソプレンの重合体。身近なところでは天然ゴムである。天然ゴムの主鎖は，完全な *cis* 型であるのに対して，Zigglar-Natta 触媒で合成されるゴムでは98％程度にしかならない。硫黄を加えた加硫ゴムとして利用される。

  用途：航空機のタイヤ，ゴム手袋，コンドーム，パッキンなど

- **ポリエーテル**（polyether）

  主鎖をエーテル結合によって構成する高分子の総称。ポリエチレングリコール（PEG）やポリプロピレングリコール（PPG）などの脂肪族ポリエーテルは，ポリウレタンの原料に利用される。ポリエチレングリコールの水溶性を利用して，乳化剤の原料としても利用されている。

- **ポリフェニレンオキシド（ポリフェニレンエーテル）**（PPO, PPE：poly(phenylene oxide), poly(phenylene ether)）

  2, 6-ジメチルフェノールの重合体。五大汎用エンジニアリングプラスチックの一つである。耐熱性，耐寒性，機械的強度，寸法安定性，耐熱水性に優れている。成型性が悪いため，ポリスチレンなどと混合して変性 PPO (PPE) として利用される。

  用途：外装樹脂（パソコン，プリンターなど）

- **ポリオキシメチレン**（POM：polyoxymethylene）

  ホルムアルデヒドの重合体。五大汎用エンジニアリングプラスチックの一つで

125

ある。高分子鎖の末端は，水酸基のままではなく，解重合を防ぐためにエステルで保護されている。一般的には，ポリアセタールとよばれる。高耐熱性，耐衝撃性，寸法安定性，耐熱水性に優れている。酸性水溶液には弱い。金属代替材料として利用される。

用途：機械部品（ギヤ），電気絶縁材料など

● ポリエステル（polyester）

主鎖をエステル結合によって構成する高分子の総称。重縮合もしくは開環重合によって得られる。多くの芳香族ポリエステルは，エンジニアリングプラスチックに分類される。耐熱性，機械特性，電気特性に優れる。脂肪族ポリエステルは，熱物性に弱いため，あまり単一材料として実用化されているものは多くはないが，抜糸が不要な縫合糸として，ポリグリコール酸（PGA）やポリ乳酸（PLA）は利用されている。

● ポリエチレンテレフタラート（PET：poly (ethylene terephthalate)）

テレフタル酸とエチレングリコールの縮合体。広範囲の温度で機械的性質や電気特性に優れている。三大合成繊維の一つとして天然繊維の木綿に対応している。

用途：ボトル容器，フィルム，衣服，繊維など

● ポリブチレンテレフタラート（PBT：poly (butylene terephthalate)）

テレフタル酸と1, 4-ブタンジオールの縮合体。五大汎用エンジニアリングプラスチックの一つである。耐熱性，耐薬品性，電気特性，寸法安定性，成型性に優れている。主に繊維強化プラスチック（FRP：Fiber Rein-forced Plastics）として利用されることが多い。

用途：自動車のエンジンルーム内のコネクター部品，電気部品

● ポリアミド（PA：polyamide）

主鎖をアミド結合によって構成する高分子の総称。開環重合もしくは重縮合によって得られる。脂肪族ポリアミド（ナイロン）に数字が添えられている場合，アミド基間を繋ぐ炭素数を表している。脂肪族もしくは半芳香族ポリアミドは，五大汎用エンジニアリングプラスチックの一つに，芳香族ポリアミドは，スーパーエンジニアリングプラスチックに分類されている。またポリアミド（ナイロン）は，三大合成繊維の一つで，絹に対応している。

● ポリアミド 6（PA-6：poly (6-aminocaproic acid),
poly[imino (1-oxohexamethylene)]）

ε-カプロラクタムの重合体。耐熱性，耐油性や耐摩擦摩耗性など機械的性質に優れている。繊維の感触は木綿に近い。

用途：自動車部品，機械部品，衣服，繊維など

12.2 高分子材料

- **ポリアミド 66**（PA 66：poly (iminoadipoyl-iminohexamethylene), poly (hexamethylene adipamide)）

  ヘキサメチレンジアミンとアジピン酸との縮重合体。耐熱性，耐油性や耐摩擦摩耗性など機械的性質に優れている。繊維の感触は絹に近い。

  用途：自動車部品，繊維，縫合糸など

- **ケブラー®**（Kevlar®：poly (phenylene terephthalamide)）

  テレフタル酸と p-フェニレンジアミンの縮重合体。高強度，高弾性率，耐熱性，難燃性に優れている。

  用途：防弾チョッキ，摩擦材，複合材料の補強材

- **ポリカーボナート**（PC：polycarbonate）

  ビスフェノール A の炭酸エステル縮合体。ポリカーボナートは，炭酸エステルユニットをもつポリマーの総称ではあるが，慣用的にはビスフェノール A による炭酸エステル縮合体の呼称として使われている。耐衝撃性，透明性，耐熱性，クリープ特性，寸法安定性に優れる。五大汎用エンジニアリングプラスチックの一つである。

  用途：CD，DVD，ブルーレイディスク，ヘルメット，自動車用レンズ，パソコンや携帯電話のカバーなど

- **ポリイミド**（polyimide）

  主鎖をイミド結合によって構成する高分子の総称。高耐熱性高分子材料の代表である。芳香族ポリイミドの耐熱性は，短期的には 500°C，長期的には 300°C 程度であり，多くのポリイミドは，イミド結合を形成させると加工・成型が難しくなる。そのためイミド結合を形成の前駆段階で加工・成型してからイミド化や加工・成型性を改善したポリイミドの開発，オリゴマーからの高分子化するなどといった工夫がされている。

- **カプトン®**（Kapton®：poly (oxydiphenylene pyromellitimide)）

  ピメリット酸と 4, 4'-オキシジアニリンの縮合体。耐熱性，機械特性，電気特性に優れている。

  用途：宇宙航空分野における熱や放射線の遮断フィルム，電気製品のフレキシブル基盤など

- **ノボラック樹脂**（Novolak）

  フェノールとホルムアルデヒドの付加縮合体。酸性条件下で得られる。熱硬化性高分子のため，オリゴマーを合成し，成型時に熱硬化させて高分子化させるため，製品化される際には架橋高分子となる。

  用途：半導体の封止剤など

- **ポリジメチルシロキサン**（poly (dimethyl siloxane)）

ジメチルシロキサンの重合体。一般的にはシリコーン樹脂（silicone resin）とよばれる。ポリエチレンのような有機高分子の主鎖と比べてケイ素−酸素結合は約 20 kcal mol^{-1}（84 kJ mol^{-1}）と高いため，熱安定性が高い。しかし炭素より電気陰性度の低いケイ素と酸素の結合で主鎖を形成しているため，イオン性を有し，酸や塩基に対して弱く，化学的な不安定さがある。重合度によって用途が異なる。

用途：シリコーンオイル（低分子量），グリース（高分子量），シリコーンラバー（架橋高分子体）

12.3　イオン交換樹脂

イオン交換樹脂は，架橋された網目構造をもつ高分子の基体にイオン性の官能基が結合した不溶性の高分子電解質からできている。高分子基体にはポリスチレンがよく使用され，ポリスチレン鎖を三次元架橋するために二官能性のジビニル

コラム：水を作る高分子

生活に間接的ではあるが，非常に重要な役割を果たす高分子材料の一つとしてイオン交換樹脂がある。半導体や液晶パネルの製造に使用する超純水や発電や熱源に使用するボイラー用の脱塩水の製造，抗生物質や医薬品の分離・精製といった我々の生活を豊かにしている電子産業・医薬品・食品関係や発電所などの産業においては，大量に精製された水を必要としている。以前までは，蒸留によって得ていた。しかし蒸留では一度に精製可能な量に限りがあり，ボイラーの劣化などコスト面で圧迫していた。イオン交換樹脂の登場は，水を樹脂に通すことで精製できることから，時間短縮・大量生産・コストや手間が省かれ，革新的な変化をもたらした。今や水の精製には，必要不可欠なものである。

イオン交換樹脂とは，溶液中のイオンを交換する能力をもった合成樹脂である。イオン交換樹脂の製造は，ラジカル重合の一つである懸濁重合法によって，イオン交換樹脂の基体となるビーズ（粒子）を合成した（**図 12.6** ①）後，イオン交換を担う官能基の導入によって行われている（**図 12.6** ②）。

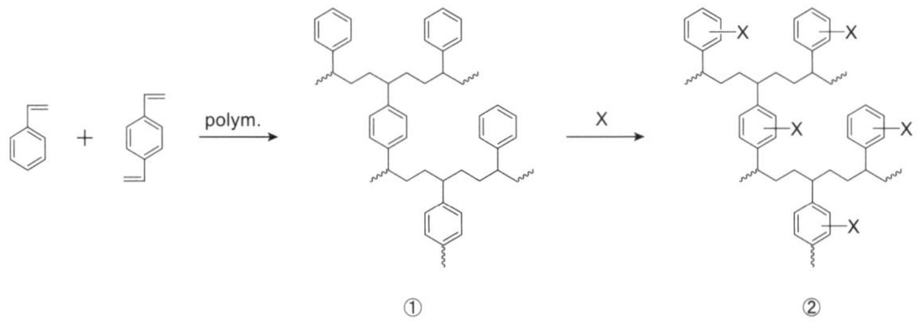

図 12.6 イオン交換樹脂の合成方法

ベンゼンがポリスチレンの重合時に添加されて共重合反応させることで得られる。ジビニルベンゼンの添加量によって架橋度を変化させることができる。ジビニルベンゼンの含量が多いほど架橋度が高く，網目の細かい樹脂となり，交換容量は架橋度が高いほど大きい。イオン交換反応速度は架橋度が低いほど速く，膨潤による樹脂の体積変化率も大きいといった特徴がある。樹脂が水の膨潤によって生じる細孔（ミクロポア）をもつ樹脂をゲル型樹脂とよび，膨潤がなくても物理的な細孔（マクロポア）をもたせたポーラス型樹脂がある。ゲル型より架橋度の高いポーラス型樹脂は，水中でミクロポアとマクロポアの両方の細孔をもち，ミクロポアを通れない分子とも反応でき，樹脂が膨潤しない非水系の溶媒でも使用可能であることや，膨潤収縮による体積変化に強く樹脂が破砕しにくいなどといった利点がある。

　イオン交換樹脂のイオン交換基は，スルホン酸のようなイオン性の官能基が導入される。イオンは陽イオンと陰イオンが必ず存在するが，このうち高分子基体に共有結合で結合して，固定されているイオンを固定イオンとよぶ。一方これと反対電荷をもち，溶液中のイオンと交換することが可能なイオンを対イオンという。片側のイオンが不溶性高分子鎖に固定されているために，溶液側ではこの反対のイオンだけを交換することが可能である。例えば，陽イオン交換樹脂では，固定イオンが陰イオンとなり，陽イオンを交換する。高分子基体のイオン交換基には，スルホン酸 ($-SO_3H$) やカルボン酸（$-COOH$）を利用し，水中に入れると次のように解離する。

$$R\text{-}SO_3H \longrightarrow R\text{-}SO_3^- + H^+$$
$$R\text{-}COOH \longrightarrow R\text{-}COO^- + H^+$$

　特にスルホン酸基は水中で解離しやすく，硫酸や塩酸に相当する強酸性を示すことから強酸性陽イオン交換樹脂とよばれる。pH のほぼ全領域でイオン交換性を示すといわれ，$NaCl$ のような中性塩とも反応してイオン交換する中性塩分解性を示す。

$$R\text{-}SO_3^-\ H^+ + Na^+Cl^- \longrightarrow R\text{-}SO_3^-\ Na^+ + H^+Cl^-$$

この他にイオン交換樹脂は，イオン交換作用によって，陰イオン・キレート・両性イオン交換樹脂に分類される。

　実際に水道水をイオン交換樹脂で精製する場合，イオン交換樹脂が Na^+Cl^- を取り込んだときに同量の H^+ と OH^- を放出して H_2O になるように陽イオン交換樹脂と陰イオン交換樹脂の両方を使用する必要がある。水の精製時には，それぞれ独立させた陽イオン交換樹脂と陰イオン交換樹脂を通過させる場合とそれらを混合させたものがあり，独立させた交換樹脂はそれぞれ再生処理が可能であるが，混合させた樹脂では樹脂の再生はできない。

12章 章末問題

12.1 合成高分子の合成方法についてまとめよ。

12.2 低分子化合物で用いられる分子量と合成高分子で用いられる分子量の違いについて説明せよ。

12.3 ユニットの式量が 200 からなる 4 種類 {A($i=10, N_{10}=10$), B($i=50, N_{50}=$ 50), C($i=200, N_{200}=100$), D($i=50, N_{500}=20$)} を混合した高分子がある。これら混合物の平均分子量 (M_W, M_N) と多分散度 (PDI) を求めよ。末端基は考えないものとする。

12.4 次の高分子の略称から高分子名と構造式を示せ。
(a) HDPE, (b) iPP, (c) PVC, (d) PVAc, (e) PMMA, (f) PS, (g) PET, (h) PC, (i) PA-66, (j) PA-12, (k) PPE.

12.5 五大汎用高分子・五大汎用エンジニアリングプラスチックについてまとめよ。

13 生物の化学

化学的な観点から見た場合，生物は糖，脂肪酸，アミノ酸，ヌクレオチドなどの有機化学物質の集合体が，非常に複雑かつ精緻な化学反応によって制御されることにより，それぞれの個体としての形状や機能を維持している独立した化学反応系であると考えることもできる。現在では，これらの生体分子も生化学的な反応も，非生物のものと同じ化学や物理の法則に従うことが示されているが，生物の化学が通常の化学で取り扱う固体・液体・気体といったものとは異なり，特別な部分があることもまた事実である。本章では，それら生物に特徴的な化学物質と反応について概説する。

13.1　生　物　と　は

普段，私たちは生物と非生物を簡単に見分けられているように思える。しかし，よく考えてみると生物と非生物の境界線，その判断基準はどこにあるのだろうか？　古来より，生物というものが何なのか，ということについては哲学，宗教などさまざまな分野で論じられてきたが，現代科学においても，生物というものを正確に定義することは実は非常に困難な問題である。

その理由の一つは，生物がとてつもなく複雑で多様な形質をもっているためである。生物の特徴の一つに，それぞれの個体が種とよばれる，ある程度細部までの形態が共通する集団単位を形成していることがあげられる。現在までに分類されている種だけで 200 万種以上といわれるが，地球上には未知の生物種が 1000 万以上（1 億種とも）いると考えられており，それぞれの生物は私たちの目にあまりにも違ってみえる。

一方で生物は，細胞膜によって自己と外界とを明確に隔離していること，細胞内部と外界との間に物質やエネルギーの出入りがあり，恒常性を維持していること，自分と同じ形態の個体を再生産する自己増殖能力をもつこと，などの共通する特徴をもっている。

さらに，これらの機能をもつために必要な，タンパク質，核酸，糖質，脂質などの生物を構成する有機化学物質，これらの物質やエネルギーを生産するためにタンパク質が触媒する多くの化学反応経路，遺伝物質である核酸を用いて自己を増殖してゆく仕組みなど，多くの物質や機構が基本的に共通である。

したがって生物とは，基本的な機能では**共通性**をもちながらも，個々の形質では驚くべき**多様性**をもっている。

今日では，生物に特徴的な機構も，非生物のものと同じ化学や物理の法則に従

うことがわかっていることから，生物は多種多様な有機化学物質の集合体であり，またそれらが連携し制御されることで物質を再生・生産する，独立した化学反応系であると考えることもできる。ただし，それらの化学反応系は途方もなく複雑である。例えば，わずか0.1 mmに満たない細胞の中で500種類以上の代謝反応が存在することがわかっているが，それでも細胞全体の化学反応のごく一部にすぎない。

13.2　生物を構成する元素

　自然界には92種類の元素が安定して存在しているが，その中で生物を構成する元素は22種類と非常に限られている。多くの生物はその重量の約96.5 %を水素，酸素，炭素および窒素の4種類の元素が占めており，その組成は非生物のものとは大きく異なる。生物を構成する元素の中で一番存在比の高いものは水素であり，約60%以上を占めている。二番目に存在比の高い元素は酸素であるが，これら2つの元素の存在比が高いのは生物の細胞の大部分を水が占めているためである。三番目に存在比の高い元素は炭素である。炭素は，炭素どうしまたは他の原子と安定な共有結合を作ることができ，鎖状や環状などの巨大で複雑な分子を作る能力に優れている。そのため生物の炭素含量は非生物と比べて非常に高く，水を除いた生物体内の分子の多くは炭素から成り立っており，炭素こそが生物を特徴づける元素であるといえる。

13.3　生物を形成する主要な分子

　生物を形成する最小単位である細胞を構成する分子の中で，最も主要なものは水である。地球上の生物は原始の海の中で誕生したと考えられており，現存の生物も細胞重量の約60%〜90%を水が占めている。細胞内の化学反応のほとんどは水中で起こるため，細胞内が水で満たされた状態にあることは生命を維持するために非常に重要である。
　水を除いて，細胞内のほとんどを占める分子が，炭素を基本とする有機化合物

コラム：ウイルス

　ウイルスは，細胞構造，代謝能力，自己増殖能力といった生物に共通する基本的な特徴を完全にはもっていないため，生物ではないとする判断が一般的には多い。ただし生物と同じく核酸を遺伝物質として持ち，適当な細胞（宿主）の存在下では，その代謝系を利用することにより自己複製し増殖することができるという，生物と同様の特徴を持っている。また他の生物の存在なくしては，その存在がないことからも生物に無関係とは考えられない。そのため，ウイルスの存在については判断が困難であり，生物と非生物の境界領域にある曖昧な存在として，現在も論争に決着がついていない。

である。細胞内の有機化合物は，その特徴によって大まかに糖，脂肪酸，アミノ酸，ヌクレオチドの4種類に分類される。それらは分子量100〜1,000，30個程度までの炭素からなる小有機分子化合物として細胞内に存在しており，多くは重合して，それぞれ多糖，タンパク質，核酸などの巨大有機分子化合物を構成している他，一部はエネルギー源となったり，代謝経路に組み込まれていたりと，複数の役割を担っていることが多い。

13.4 生体内での化学反応とエネルギー

生体内では，外界から取り入れた物質を分解してエネルギーを生成したり，そのエネルギーを用いて，細胞に必要な物質を合成したりする，**代謝**とよばれる一連の化学反応系が進行している。それらは非常に多くの，複雑な化学反応で構成されているが，反応系全体の進行方向により，**異化**と**同化**の2つの反応系に大きく分けることができる（**図13.1**）。

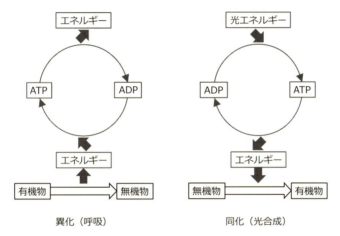

図13.1 生物の代謝における異化と同化の2つの流れ
ATPはアデノシン三リン酸，ADPはアデノシン二リン酸である。

異化とは，外部から取り入れた高分子量の物質を低分子に分解し，その過程でエネルギーを得てATP（アデノシン三リン酸）を合成する化学反応である。嫌気条件下で有機化合物を酸化して，アルコール，有機酸，二酸化炭素などを生成する**発酵**や，好気条件下で主に炭水化物を酸化し，二酸化炭素と水を排出する**呼吸**などが含まれる。

同化とは，外部から取り入れた低分子物質から，異化反応によって得られたエネルギーを用いて，多糖，脂質，タンパク質，核酸などの生体高分子を合成する化学反応である。植物は二酸化炭素と水などの無機化合物から，光エネルギーを用いて有機化合物を合成することができる（**光合成**）。

生体内の反応においても，自然界と同じエネルギーの法則に従っているが，生物に特徴的なのは，自然界に存在するエネルギー形態のうち，ATPのもつ化学エネルギーをエネルギー通貨として用いていることである。

13.5 糖　　質

　糖質は，物質代謝の中心的な存在として，細胞のエネルギー源であるのみならず，細胞の構造を維持するはたらきをもち，ほとんどの生物にとって必要不可欠なものである。一般に $(CH_2O)_n$ の式で表される炭素と水素と酸素からなる有機化合物で，**炭水化物**ともよばれる。

　その最小単位は，直鎖または環状構造のポリヒドロキシアルデヒドまたはポリヒドロキシケトンである**単糖**である。

　単糖は炭素数により分類することができ，生体内では**三炭糖**（トリオース），**四炭糖**（テトロース），**五炭糖**（ペントース），**六炭糖**（ヘキソース）などが比較的多く見られる。例えば，細胞内でエネルギー源として用いられ，生体にとって最も重要なものの一つである**グルコース**は，分子中にアルデヒド基をもち，炭素原子6個をもつ六炭糖，アルドヘキソースの一つである。

　単糖には D 体と L 体の**光学異性体**が存在するが，生体内に存在するもののほとんどは D 体である（**図 13.2**）。また，五炭糖や六炭糖は水溶液中で直鎖状分子を中間体として，環状構造をもつ α 型（トランス型）と β 型（シス型）の立体異性体が平衡状態にあり，糖分子が結合する際の種類に関係している（**図 13.3**）。

　数個～十数個程度の単糖が脱水縮合して**グリコシド結合**を形成したものを**オリゴ糖**，なかでも単糖2分子が結合したものを**二糖**といい，グルコース2つからなる**マルトース**（麦芽糖），グルコースとフルクトースからなる**スクロース**（ショ糖，砂糖），グルコースとガラクトースからなる**ラクトース**（乳糖）などがある（**図 13.4**）。

　さらに多数の単糖が重合したものを**多糖**といい，植物の細胞壁の構成成分である**セルロース**（D-グルコースが β-1,4 結合した多糖），節足動物の外骨格に含まれる**キチン**（N-アセチル-D-グルコサミンが β-1, 4 結合した多糖），海藻に含まれる**マンナン**（D-マンノースが β-1,4 結合した多糖），寒天の主要成分である**アガロース**（D-ガラクトースと 3,6-アンヒドロ-L-ガラクトースからなる多糖）

コラム：血液型と糖鎖

　血液型とは，血液内にある血球の抗原の違いにより，血液を分類したものである。一般的によく用いられている ABO 式血液型は，赤血球表面にある糖鎖の構造の違いにより分類されている。赤血球の表面に H 型糖鎖とよばれる基本型糖鎖をもつものが O 型，H 型糖鎖末端のガラクトースに N-アセチルガラクトサミンが結合した A 型糖鎖をもつものが A 型，N-アセチルガラクトサミンの代わりにガラクトースが結合した B 型糖鎖をもつものが B 型，A 型糖鎖と B 型糖鎖の両方をもつものが AB 型である。

　血液型の異なる血液を混ぜると凝集や溶血が起こるため，輸血などの場合には大変重要な情報である。また，細菌やウイルスが血液に感染する場合には，赤血球表面の糖鎖の構造を認識していることが示唆されており，血液型が感染症のかかりやすさと相関関係にある可能性がある。

13.5 糖　質

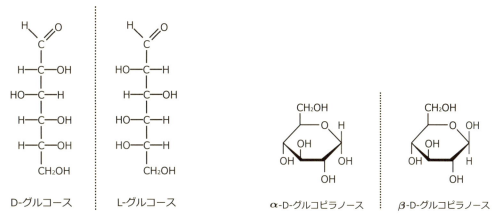

図 13.2　グルコースの光学異性体（フィッシャー投影図）
カルボニル基から一番離れている不斉炭素についた OH 基の向きにより，D 体（右向き）と L 体（左向き）にわかれる。

図 13.3　環状構造をもつ D-グルコースの α 型（トランス型）と β 型（シス型）の立体異性体

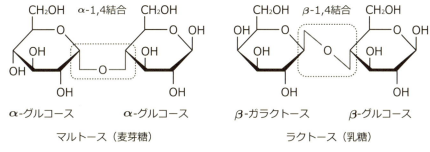

図 13.4　二糖の例

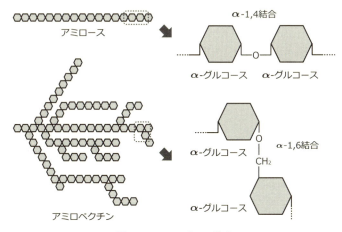

図 13.5　デンプンの構造

デンプン分子中には，グルコースが α-1,4 結合で連なったアミロースとよばれる直鎖状構造部分と，グルコースの α-1,6 結合による分岐構造部分をもつアミロペクチンの両者が共存している。

などの構造多糖や，D-グルコースが α-1,4 結合した直鎖に，α-1,6 結合した分岐構造をもつ多糖である**デンプン**（植物のエネルギー貯蔵物質），**グリコーゲン**（動物のエネルギー貯蔵物質）などの貯蔵多糖がある（図 13.5）。

13.6 脂質と膜

脂質とは，長鎖脂肪酸または炭化水素鎖を持つ生物体由来の物質の総称である。多くの場合，水などの極性溶媒には難溶だが，クロロホルム，エーテル，ベンゼンなどの非極性溶媒には可溶である。生体内ではエネルギーの貯蔵物質や細胞膜の構成成分などとして重要な機能を果たしている。

脂質は**単純脂質**，**複合脂質**と**誘導脂質**に大きく分けることができる（図 13.6）。

単純脂質は，アルコールと脂肪酸がエステル結合したものである。生体内では，グリセロール（グリセリン）と脂肪酸がエステル結合した**中性脂肪**（アシル

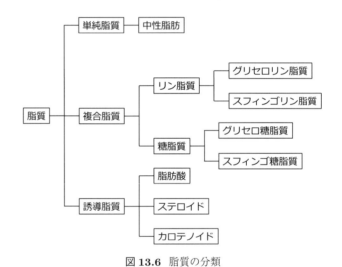

図 13.6 脂質の分類

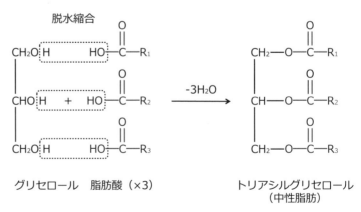

図 13.7 トリアシルグリセロール（中性脂肪）の構造
R は炭化水素鎖。R_1, R_2, R_3 の組み合わせは多様なものがあり，R_2 は不飽和脂肪酸が多い。

グリセロール）が多く見られる（図 **13.7**）。グリセロールにはアルコール性水酸基が３つあり，その１つに脂肪酸がエステル結合したモノアシルグリセロール，２つ結合したジアシルグリセロール，３つのトリアシルグリセロールが存在する。生体内では主にエネルギー貯蔵物質として用いられている。

　複合脂質は，分子中にリンや糖などを含む脂質である。構造中にリン酸を含む**リン脂質**と糖を含む**糖脂質**，またはグリセロールを含む**グリセロ脂質**とスフィンゴシン（とその類似体）を含む**スフィンゴ脂質**に大別され，それらを組み合わせて**グリセロリン脂質**，**スフィンゴリン脂質**，**グリセロ糖脂質**，**スフィンゴ糖脂質**の４つに細分化される（図 **13.6**）。**両親媒性**（水に難溶の疎水性部分と水に可溶の親水性部分の両方を有する性質）を持つものが多く，細胞膜の**脂質二重層**の主要成分や，生体内の情報伝達物質として用いられている。

　誘導脂質は，単純脂質や複合脂質から加水分解によって誘導される脂質であり，**脂肪酸**，**ステロイド**，**カロテノイド**などの物質が知られている。

　脂肪酸は，炭化水素鎖の一端にカルボキシ基を一つもつ構造であり，炭素鎖が水素で飽和していて一重結合のみの飽和脂肪酸と，二重結合を含む不飽和脂肪酸に分けられる。

　ステロイドは，ステロイド骨格（ペルヒドロシクロペンタヒドロフェナントレン骨格）を基本構造としてもつ物質であり，**コレステロール**，**ステロイドホルモン**，**胆汁酸**などが分類される。

　カロテノイドは，8 個のイソプレン単位が結合して構成された基本骨格を持つ化合物であり，炭素と水素原子のみで構成される**カロテン類**と，分子内にアルコール，ケトン，エポキシなどの酸素原子を含む**キサントフィル類**に分類される。微生物，植物，動物などに赤，橙，黄色を呈する色素として広く存在しており，光合成に関与するほか，抗酸化作用やビタミン前駆体など，多様な生理作用を有している。

13.7　アミノ酸とタンパク質

　タンパク質は，アミノ酸が特定の配列で数十個〜数千個直鎖状に連結（重合）した高分子化合物である。生体内で水に次いで２番目に多い物質であり，細胞の乾燥重量の約 60% を占めている。

　化学的にみて，タンパク質は非常に複雑な構造，精巧な機能と多様性をもっており，生体の構造，機能のほとんどを担っている。

　構成単位であるアミノ酸は炭素原子にカルボキシル基（-COOH）とアミノ基（-NH$_2$）が結合した共通構造を持つ有機化合物であり，天然には約 500 種類の存在が確認されている。

　生体内でタンパク質を構成しているアミノ酸は，カルボキシル基が結合している炭素（α 炭素）にアミノ基，水素，各アミノ酸に特異的な**側鎖**（R）が結合している α- アミノ酸であり，側鎖（R）の違いにより疎水性・親水性，酸性・塩基性などの性質が異なる 20 種類が存在している（図 **13.8**）。

アミノ酸名称	三文字表記	一文字表記	構　造	アミノ酸名称	三文字表記	一文字表記	構　造
アラニン	Ala	A	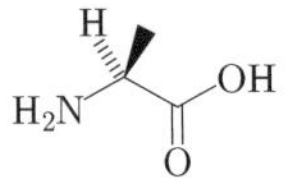	ロイシン	Leu	L	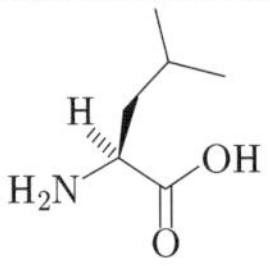
アルギニン	Arg	R	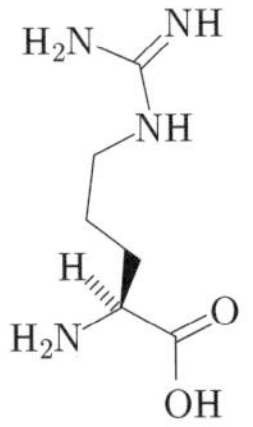	リシン	Lys	K	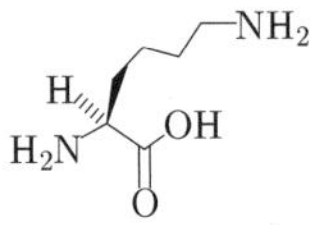
				メチオニン	Met	M	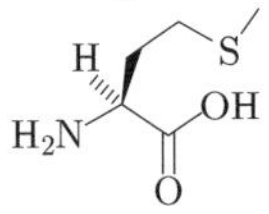
アスパラギン	Asn	N	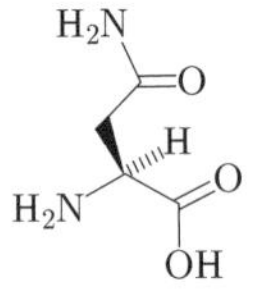	フェニルアラニン	Phe	F	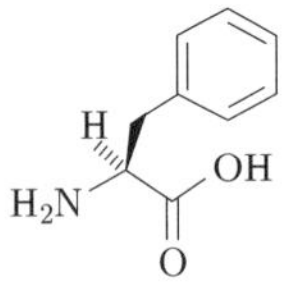
アスパラギン酸	Asp	D	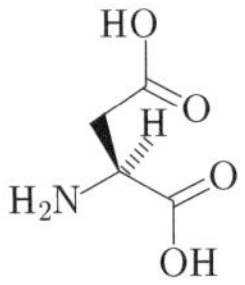	プロリン	Pro	P	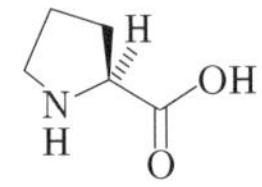
				セリン	Ser	S	
システイン	Cys	C		トレオニン	Thr	T	
グルタミン	Gln	Q		トリプトファン	Trp	W	
グルタミン酸	Glu	E		チロシン	Tyr	Y	
グリシン	Gly	G		ヒスチジン	His	H	
ヒスチジン	His	H	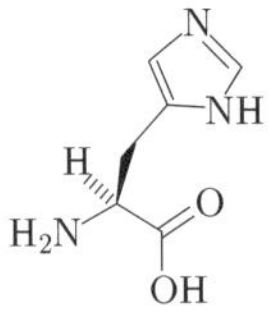	バリン	Val	V	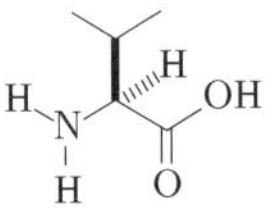
イソロイシン	Ile	I	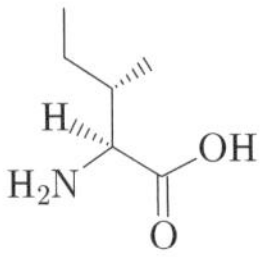				

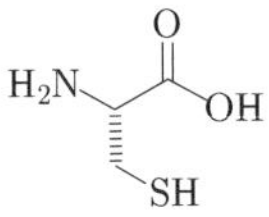

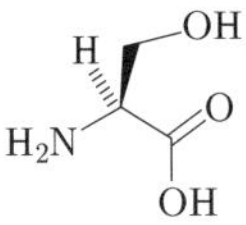

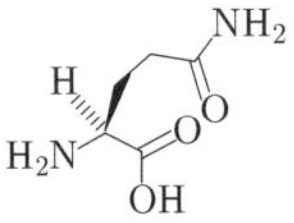

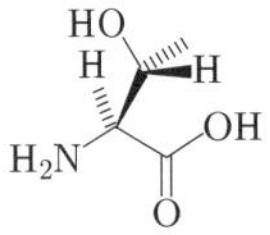

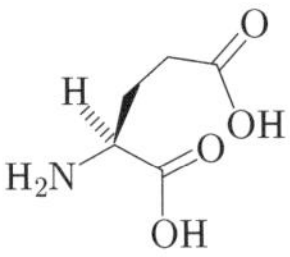

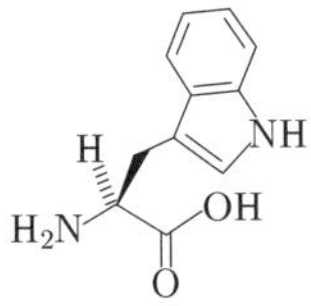

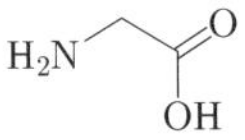

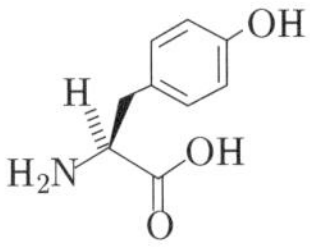

図 **13.8**　タンパク質を構成する 20 種類のアミノ酸

13.7 アミノ酸とタンパク質

側鎖（R）が水素であるグリシン以外の 19 種類のアミノ酸では，α炭素が全て異なった官能基が結合した**不斉炭素**であるため，L 型と D 型の**光学異性体**が存在するが，生体内でタンパク質を構成するアミノ酸は（グリシンを除き），基本的に L 型のみである（図 13.9）。

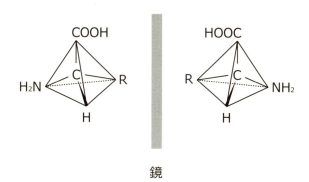

図 13.9 アミノ酸の光学異性体

D 型は天然では細菌の細胞壁の構成成分や老化組織，ある種の神経細胞などに存在が見出されている。

また，ヒトは 20 種のアミノ酸のうち，自身で生合成できるのは 12 種のみで，残りの 8 種類（バリン，ロイシン，イソロイシン，トレオニン，リジン，メチオニン，フェニルアラニン，トリプトファン）は**必須アミノ酸**とよばれ，外部などから摂取しなければならない。

アミノ酸は，分子中のカルボキシル基（-COOH）と別のアミノ酸のアミノ基（-NH$_2$）が水分子を 1 つ放出して脱水縮合し，**ペプチド結合**（-CO-NH-）を形成することで直鎖状の高分子化合物となる（図 13.10）。

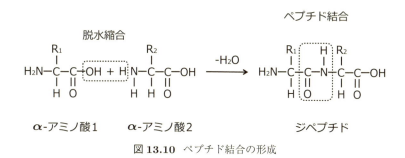

図 13.10 ペプチド結合の形成

アミノ酸が数個〜数十個結合したものを**ペプチド**または**オリゴペプチド**，数十個〜数千個結合したものを**ポリペプチド**といい，ポリペプチドのうち，アミノ酸が特定の配列で並び，固有の立体構造に折り畳まれることで機能（活性）をもつものを**タンパク質**という。

ポリペプチド鎖中のアミノ酸の連結部（-NH-CH(-R)-CO-）を**主鎖**，一つ一つのアミノ酸単位を**アミノ酸残基**といい，それぞれの残基からはそのアミノ酸に特有の側鎖が出ている。また末端の結合していない部分で，アミノ基が残って

いる方を **N 末端**, カルボキシル基の方を **C 末端**といい, アミノ酸の配列は N 末端側を始めとし, C 末端側を最後として配置する。このアミノ酸の数や順序を**一次構造**という。

タンパク質は通常, 細胞 (水溶液) 中において直鎖状で存在することはなく, エネルギー的に安定な立体構造に折り畳まれて存在する。この立体構造は先に示した一次から四次までの階層的な構造で表され, それらの形成には, ポリペプチド主鎖や各アミノ酸残基 (側鎖) の間で働く**水素結合**, **疎水性相互作用**, **イオン結合**, **ファン・デル・ワールス相互作用**などの非共有結合と, システイン残基間で働く**ジスルフィド結合 (S–S 結合)** が重要な役割をもつ。

タンパク質ポリペプチド主鎖のカルボニル基とアミノ基が水素結合した規則的な構造部分を**二次構造**という。

二次構造の代表的なものには, 1 本のポリペプチド主鎖が右巻きらせん状に規則的に巻かれた **α ヘリックス構造**と, 平行もしくは逆平行に配置された 2 本以上のポリペプチド主鎖が折り畳まれた **β シート構造**がある。

ポリペプチド主鎖の折り畳みと各側鎖間で働く相互作用を含んだ, タンパク質分子全体の立体構造のことを**三次構造**という。

三次構造は, 水素結合, 疎水性相互作用, イオン結合, ファン・デル・ワールス相互作用などの非共有結合によって保たれる。これらの結合は単独ではかなり弱いが, 多数が集まることにより全体として強力な結合となっている。

また, システイン残基間で働く共有結合であるジスルフィド結合も三次構造の安定化に大きく寄与している。

タンパク質は 1 本のポリペプチド鎖によって形成されるものもあるが, 中には複数 (種) のポリペプチド鎖が非共有結合により複合体 (会合体) を形成しているものがある。このようなタンパク質中の, それぞれのポリペプチド鎖を**モノマー**または**サブユニット**, 複合体を**オリゴマー**という。これらのサブユニットの構成と空間配置 (コンフォメーション) のことを**四次構造**という。

代表的な例として, 赤血球中で酸素を運搬する機能をもつヘモグロビンは, α サブユニット 2 分子と β サブユニット 2 分子で構成される四次構造をもつ四量体のオリゴマータンパク質である。

タンパク質の機能 (活性) は, これらの各タンパク質に固有な立体構造に起因することから, 熱, 圧力や pH の変化, 変性剤の存在などにより構造が変化し, その機能 (活性) を失う場合があり, これをタンパク質の**変性**という。

また多くの場合で変性は可逆的なものであり, 変性因子を取り除くことによって変性タンパク質は本来の立体構造を取り戻すことができる。これをタンパク質の**再生**という。

13.8 ヌクレオチドと核酸

生物は, その形態と機能の維持に必要な遺伝情報を次世代に受け継ぐための因子として, **遺伝子**を細胞内にもつ。遺伝子とは, タンパク質の情報がコードされ

た領域（情報単位）であり，物質としては核酸を実体としている。地球上のほぼ全ての生物において，DNAが遺伝情報を担う物質となっているが，例外的に一部のウイルスがRNAを担体としている。

核酸は，多数のヌクレオチドが直鎖状に重合した**ポリヌクレオチド**とよばれる高分子化合物である。

ヌクレオチドは，五炭糖（炭素原子5個をもつ単糖），窒素を含む塩基，1つ以上のリン酸部分で構成されており（リン酸を除いた糖，塩基部分をヌクレオシドという），五炭糖の1'位（五員環の酸素の右となりの炭素，ここから時計回りに2'，3'，4'と五員環の骨格の炭素に番号を振り，4'から伸びた炭素を5'とする）に塩基がグリコシド結合し，5'位の水酸基とリン酸の間がエステル結合した構造をもつ（図13.11）。

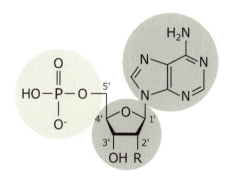

図13.11　ヌクレオチドの構造
リン酸を含まない構造をヌクレオシドという。

また糖の部分の違いにより，**2-デオキシリボース**（2'位が水素基）をもつ**デオキシリボヌクレオチド**と，**リボース**（2'位が水酸基）をもつ**リボヌクレオチド**に分類され，それぞれが連結したものが**DNA**（デオキシリボ核酸）と，**RNA**（リボ核酸）である。RNAは2'位が水酸基であるため，DNAよりも反応性が高く，熱力学的に不安定である。

塩基には，プリン環を基本骨格とする**アデニン**（A），**グアニン**（G）と，ピリミジン核を基本骨格とする**シトシン**（C），**チミン**（T），**ウラシル**（U）があり，このうち，アデニン，グアニンとシトシンはDNAとRNAに共通であるが，チミンはDNAに，ウラシルはRNAにだけ存在する（図13.12）。

ヌクレオチドの糖部分の3'位の水酸基は，次のヌクレオチドのリン酸とエステル結合をすることができ，次々とヌクレオチドが結合することで，核酸の鎖が構成される。リン酸を中心にみると，5'位と3'位の水酸基と2つのエステル結合を作っているため，この結合を**フォスフォジエステル結合**とよぶ。

結果として，核酸の鎖は，(5')リン酸-糖-リン酸-糖-……-リン酸-糖-リン酸-糖(3')の主鎖に，糖の部分から塩基が突き出た側鎖をもつ構造となる。末端の部分で，リン酸のある方を**5'末端**，糖のある方を**3'末端**といい，**塩基配列**（核酸の配列）は5'末端側を上流，3'末端側を下流とする（図13.13）。

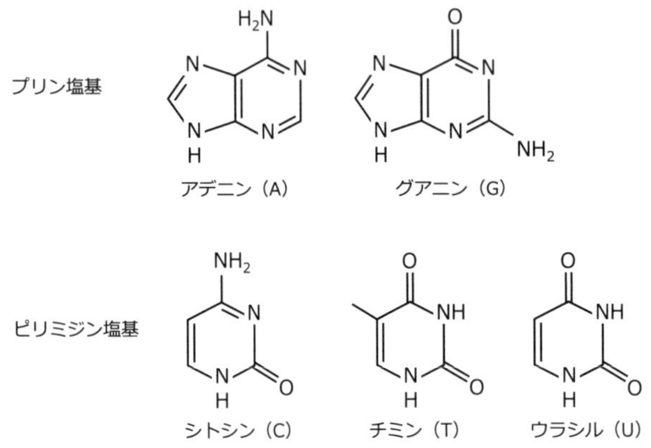

プリン塩基

アデニン（A）　　グアニン（G）

ピリミジン塩基

シトシン（C）　　チミン（T）　　ウラシル（U）

図13.12 核酸を構成する塩基の構造

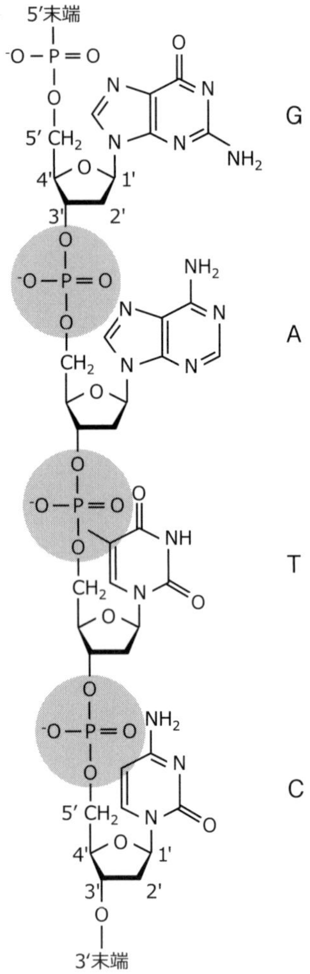

5′末端

G

A

T

C

3′末端

図13.13 核酸分子の一方の鎖の構造

　DNA は通常，その塩基配列によらず，一分子中に 2 本のデオキシリボ核酸の鎖が 5′ → 3′ 方向と 3′ → 5′ 方向で**逆平行**に並び，それぞれの向かい合う塩基の G と C の間で 3 つ，A と T の間で 2 つの水素結合で**塩基対**を形成して（**図15.7**参照），らせん状に巻いた**二重らせん**（ダブルヘリックス）**構造**をもつ。

　このような構造のため，それぞれの DNA 鎖はもう一方の鎖と相補的な塩基配列をもつ。DNA の最も重要な機能は，遺伝情報である塩基配列を長期間貯蔵し，その情報を次世代に伝えて，生命体の維持に必要なタンパク質を合成するために提供することであり，この構造はそのために必要とされる，化学的に非常に安定で合理的な構造をしている。

　一方で RNA はほとんどの場合，一本鎖で存在しており，DNA の遺伝情報を写しとる **mRNA**（メッセンジャー RNA，伝令 RNA），mRNA に指定されたアミノ酸を運ぶ **tRNA**（トランスファー RNA，運搬 RNA），タンパク質合成の場である **rRNA**（リボソーム RNA）など，その塩基配列に応じて複雑な高次構造

13章　章末問題

を形成してさまざまな機能を担っている。

13章　章末問題

13.1　生物が共通してもつ特徴について概要を説明せよ。

13.2　代謝について概要を説明せよ。

13.3　デンプンの構造について概要を説明せよ。

13.4　脂質の分類とそれらの概要について説明せよ。

13.5　タンパク質の立体構造の階層性について概要を説明せよ。

13.6　DNA の構造について概要を説明せよ。

14 環境と化学

14.1 人と環境とのかかわり

地球上の生物をとりまく環境は大気圏，水圏，土壌圏に大別され，そのそれぞれの間で活発な物質あるいは，化合物，化学元素の循環が行われている。

大気圏は，地球表面から対流圏，成層圏，中間圏，熱圏に至る厚さ約 100 km の大気の層である。水圏は陸上の河川，湖水，地下水及び海水より成り，総量は約 14 億 km^3 である。このうち海水が約 97.5%，淡水が約 2.5% を占めている。土壌圏は地殻の表層にあり，岩石風化物が微生物や植物の作用を受けることにより形成された平均 5 m 程度の薄い層である。

人類は生存のために環境から食料を獲得し，また家屋や衣料に必要なものを森林伐採や植物・動物性資材の加工によって得ていた。また，これらの生活に伴う排泄物や各種の廃棄物を環境に放出してきたが，それらは生物圏においてさまざまに変化し，もとの状態に戻っていった。しかし，産業革命を経て鉱工業が発展し，鉱物資源の採掘利用から環境に放出される廃棄物の量が増大し，環境での処理能力を超えるようになり，その過剰残留物が人類や生物の生存に対して負の影響を与えるようになってきた。

これらの影響は，場合によっては局地的なものに留まらず，地球規模のものになり，全人類の当面する大きな環境問題として現れてきている。

14.2 生物圏の化学

14.2.1 大　　気

地球の表層約 17 km 程度までの大気層を対流圏とよび，質量比では大気の成分の半分以上がここに存在する。対流圏の外側の約 50 km までは成層圏とよばれ，オゾン層が存在する。

地表付近の大気の主な成分は，窒素 78%，酸素 21%，アルゴン 0.9%，二酸化炭素 0.04% である。水蒸気は 1%〜4% 程度含まれるが，場所や時間によって大きく変動する。水蒸気の影響を除くため，一般的に地球大気の組成は「乾燥大気」での組成で表される（**表 14.1**）。

14.2.2 水　　圏

地球上には一兆トンの 100 万倍もの水があり，その 97.5% は海水であり，2.5% は淡水であるが，淡水の約 80% は氷であり，20% は地下水で，河川水は淡水のな

14.2 生物圏の化学

<table>
<tr><td colspan="3">表14.1 乾燥大気の主要成分</td></tr>
<tr><th>成分</th><th>化学式</th><th>体積比（%）</th></tr>
<tr><td>窒素</td><td>N_2</td><td>78.084</td></tr>
<tr><td>酸素</td><td>O_2</td><td>20.9476</td></tr>
<tr><td>アルゴン</td><td>Ar</td><td>0.934</td></tr>
<tr><td>二酸化炭素</td><td>CO_2</td><td>0.039*)</td></tr>
<tr><td>ネオン</td><td>Ne</td><td>0.001818</td></tr>
<tr><td>ヘリウム</td><td>He</td><td>0.000524</td></tr>
<tr><td>メタン</td><td>CH_4</td><td>0.000181</td></tr>
<tr><td>クリプトン</td><td>Kr</td><td>0.000114</td></tr>
</table>

<table>
<tr><td colspan="3">表14.2 海水中の主要なイオン</td></tr>
<tr><th>成分</th><th>化学式</th><th>濃度 (g/kg)</th></tr>
<tr><td>ナトリウムイオン</td><td>Na^+</td><td>10.65</td></tr>
<tr><td>カリウムイオン</td><td>K^+</td><td>0.38</td></tr>
<tr><td>マグネシウムイオン</td><td>Mg^{2+}</td><td>1.27</td></tr>
<tr><td>カルシウムイオン</td><td>Ca^{2+}</td><td>0.40</td></tr>
<tr><td>塩化物イオン</td><td>Cl^-</td><td>18.98</td></tr>
<tr><td>臭化物イオン</td><td>Br^-</td><td>0.065</td></tr>
<tr><td>硫酸イオン</td><td>SO_4^{2-}</td><td>2.65</td></tr>
<tr><td>炭酸水素イオン</td><td>HCO_3^-</td><td>0.14</td></tr>
</table>

かの 0.4% でしかなく，地球全体の水の一万分の一に過ぎない。

海水の塩分濃度は測定の位置により異なり，3.1% から 3.8% のばらつきがあるが，一般には水 96.6%，塩分 3.4% であり，塩分は塩化ナトリウム 77.9%，塩化マグネシウム 9.6%，硫酸マグネシウム 6.1%，硫酸カルシウム 4.0%，塩化カリウム 2.1%，その他となっている。海水中に含まれる主要なイオンを**表14.2**に示す。

河川の水質は周辺地域の降雨量や地質条件の影響を大きく受けて変動している。**表14.3**は日本の河川の平均水質と諸外国の水質との比較をしたものである。

水に溶けている総塩分濃度（溶解無機成分の合計）は，日本が 71 ppm であるのに対して，東南アジア諸国の水は，赤道下にあって降雨量の多いスリランカとマレーシアを除けば，台湾，インド，フィリピン，ミャンマーなどでは非常に高

*) 他の成分と違って，二酸化炭素は場所や時期，時間によって値が大きく変動する。また，p.151 の図 14.5 に示すように年々濃度が増えており，この数値は最近の分析値である。したがって，この表にある成分の数値を合計しただけでも 100% を越えてしまう。

表14.3 日本の平均水質と諸外国の水質

	調査河川数	Ca	Mg	Na	K	CO_3	SO_4	Cl	NO_3	SiO_2	Fe_2O_3	計
日本	225	8.8	1.9	6.7	1.2	15.2	10.6	5.8	1.15	19.0	0.34	71
台湾	6	44.4	12.4	14.0	1.8	72.7	59.5	6.4	0.11	10.0	0.01	221
フィリピン	8	30.9	6.6	10.4	1.7	64.4	13.6	3.9	0.02	30.4	0.00	162
カンボジア	5	10.1	2.3	3.8	1.4	23.5	2.7	1.7	0.03	15.1	0.03	61
タイ	30	19.8	3.7	10.7	2.5	40.7	3.3	12.7	0.35	16.0	0.06	110
マレーシア	7	4.3	1.5	3.8	2.0	7.9	16.1	3.2	0.06	13.0	0.21	52
ミャンマー（ビルマ）	17	23.6	6.5	13.4	3.0	66.3	7.2	7.9	0.12	15.3	0.02	146
インド	15	28.7	10.1	23.5	2.9	80.8	12.7	13.9	0.53	17.6	0.06	191
パキスタン	7	33.8	5.1	5.8	3.0	57.8	17.2	2.9	0.18	8.1	0.01	134
スリランカ	7	6.9	2.1	3.7	1.4	18.6	0.8	2.9	0.07	13.1	0.01	50
ヨーロッパ		31.1	5.6	5.4	1.7	47	24	6.9	3.7	7.5	1.14	134
北アメリカ		21	5	9	1.4	33	20	8	1	9	0.23	108
世界平均		15	4.1	6.3	2.3	28.3	11.2	7.8	1	13.1	0.96	90

単位：ppm
（小林純，水の健康診断，岩波新書（1971））

*) 飲料水は，軟水か硬水かといわれることがある。これは水中に微量含まれるカルシウムイオン，マグネシウムイオンの量から計算される「硬度」という数値に基づくものである。硬度が低い水が軟水とよばれ，カルシウムイオン，マグネシウムイオンの量が少ない。これに対し，これらイオンの量が多く硬度の高い水が硬水とよばれる。

い。また，ヨーロッパや北アメリカも高いことがわかる。河川水は灌漑水や飲料水 *)，工業用水などさまざまな用途で使用されている。したがって，水質は極めて重要な影響を及ぼすため，その保全は重要なこととなる。

一定地域内に存在する地下水の量は，涵養（地表の水が地下にしみこむこと）や地下を経由することによって他からの流入によって増加し，地表への流出や地下を経由しての流出によって減少する。このような地下水の量は，地上でのダムなどと同様に貯留量で表現される。地下水が地下に留まっている平均時間は「滞留時間」とよばれ，想定される貯留量と流動量から計算される。例えば，オーストラリアのグレートアーテジアン盆地では110万年以上，黒部川扇状地の砂丘では0.14年と滞留時間が推定されている。

14.2.3 土 壌 圏

土壌は，岩石・気候・生物・地形の間に生じる複雑な相互作用の進化過程によって地表に生成した歴史的自然体である。土壌圏においては岩石圏・水圏・大気圏・生物圏が重なり合い，相互に影響を及ぼし合いながら密接不可分に結びついている。土壌はそこに微生物をはじめ多種多様の動植物の生活基盤が伴っており，陸上における自然生態系の構成要素として，生態系における物質循環において大きな役割を果たしている。

土壌は微細な鉱物，粘土鉱物，多様な有機物が複雑に組合わさってできている。土壌中には細菌，放線菌，糸状菌，藻類，原生動物，線虫などが生息し，嫌気性，好気性などの性質に応じて，土壌中で棲み分けをしている。また，独立栄養，従属栄養，植物との共生など，さまざまな栄養摂取法などにより，土壌に持ち込まれる有機物の分解や無機物の形態変化に関与し，自然界における物質循環において重要な役割を果たしている。

14.3　生物圏の物質循環

生物の活動と太陽エネルギーの投入のもとに，大気圏，水圏，土壌圏の間において，活発な物質の循環が行われ，その組成を維持してきている。

14.3.1　炭素の循環

炭素は単体として，あるいは化合物として，気体，液体，固体の形で広く地球上に分布し，各存在形態間において大規模に出入，循環している。地球における炭素の大部分は，地殻中の堆積物に含まれ，ボーリン（Bolin, B.）はその量を$20,000,000 \times 10^9$トンと推定している（1970年）。

地球の化学的進化の過程で，火山や温泉によって，地球内部から二酸化炭素が恒常的に放出され，また原始大気中に存在していたメタンの酸化により大気中の二酸化炭素が出現した。光合成生物が地球上に出現した6〜25億年前に，大気および海水中には十分量の二酸化炭素が蓄えられていた。

光合成生物が出現した後，

14.3 生物圏の物質循環

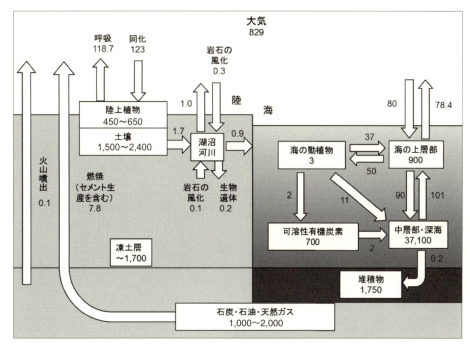

図 14.1 生物圏における炭素の循環
(Simplified schematics of the global carbon cycle, 気候変動に関する政府間パネル (ICCP 2003) を改変)

$$CO_2 + 2H_2A + 光 \longrightarrow CH_2O + H_2O + 2A + エネルギー$$

の一般反応式のように，光エネルギーが捕捉され，有機化合物が生成されるようになった。二酸化炭素から作られた種々の有機化合物は，動植物，微生物によって消費され，その一部は呼吸を通して再び二酸化炭素として放出される。また一部は最終的に地殻の内部に貯えられ，石炭・石油などの埋蔵資源ともなった。こうして植物の光合成作用を中心として活発な炭素の循環が形成されてきた。しかし，現代においては，化石時代に蓄積された埋蔵炭素が人為的に取り出され，燃焼されることによって大気中の二酸化炭素に付加されている。このため大気中の二酸化炭素は，植物による光合成量の増大や海水への溶解によって緩衝されながらも，石炭・石油などの貯蔵炭素の消費に対応して増加を示している。海水に溶解した二酸化炭素は，海水のpHが7.8〜8.2であるため，大部分が炭酸水素塩として存在する。

14.3.2 窒素の循環

地球上における窒素の循環および存在量は，デルビッチ (Delwiche, C.C.) によって図14.2のようにまとめられている。炭素の場合と比べて著しく異なるのは，大気が窒素の大きな貯蔵庫となっていることである。しかし生物生産の観点からみると，大気中の窒素は分子状で存在するため，いわゆる窒素固定能をもつ

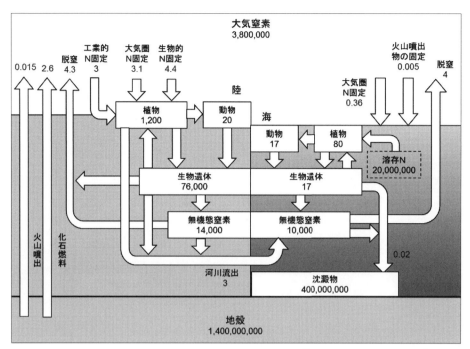

図 14.2 生物圏における窒素の循環

(C.C. Delwiche, *Scientific American* (1970) を改変)

生物以外はこれを直接利用することはできない。そのため生物に有用な窒素の供給は炭素に比べてはるかに制限されている。

窒素は図 14.3 に示すように植物−動物−微生物などを循環し，無機窒素化合物になる。植物体中の窒素化合物は動物に取り込まれ一部は排泄物として環境に放出される。動植物の遺体や排泄物中の窒素化合物は焼却により窒素ガスとして大気にもどされる。土壌中に投入されたものは，土壌中で微生物作用を受けて分解し，アンモニアイオンとなるが，さらに酸化作用を受けて，亜硝酸イオン (NO_2^-)，硝酸イオン (NO_3^-) に変化する。

$$窒素化合物 \longrightarrow NH_4^+ \longrightarrow NO_2^- \longrightarrow NO_3^-$$

(1) 無機的窒素固定

大気中の分子状窒素（N_2）は落雷時などには電光のエネルギーにより，酸素と結合し，水に溶けて硝酸になり，降雨に伴い土壌，海洋中に入る。

$$NH_3 + O_2 \longrightarrow NO_2, \quad NO_2 + H_2O \longrightarrow HNO_3$$

(2) 生物的窒素固定

大気中の分子状窒素（N_2）は土壌中の窒素固定微生物（アゾトバクター，クロストリジウム），藍藻，あるいは豆科植物と共生している根粒菌等により，アンモニア（NH_3）化されて生物体内に取り込まれ，さらにさまざまな窒素化合物に

14.3 生物圏の物質循環

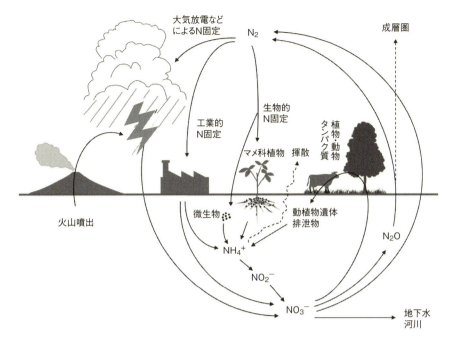

図 14.3 生物圏における窒素の存在形態

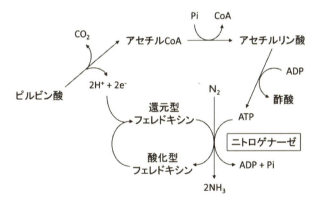

図 14.4 クロストリジウムにおける窒素固定化反応

変化する。

この反応を触媒しているのはニトロゲナーゼとよばれる酵素であり，生物の呼吸過程で産出されるエネルギーによって窒素からアンモニアを生成する（図14.4）。

(3) 工業的窒素固定

大気中の窒素をアンモニアあるいは硝酸などのいわゆる固定窒素に変化させることを目的として空中窒素固定工業が発達してきた。

① 石灰窒素製造法

1898年にフランク（Frank, A.）とカロ（Caro, N.）によりいわゆる石灰窒素

法が発明された。

石灰岩を焼成することによって得られる粉末状または粒状の炭化カルシウム（カーバイド）を窒化炉とよばれる電気炉中で，窒素ガスとともに $950 \sim 1,200°C$ に加熱すると，カルシウムシアナミドが生成する。

$$CaC_2 + N_2 \longrightarrow CaCN_2 + C$$

このカルシウムシアナミド（$CaCN_2$）は農業上肥料として使用されている。

② アンモニア合成法

1913 年にハーバー（Haber, F.）とボッシュ（Bosch, C.）により，鉄を主成分とする触媒を用いて，窒素と水素の混合ガスから高温高圧下でアンモニアを合成する技術，ハーバー・ボッシュ法が発明された。

$$N_2 + 3H_2 \longrightarrow 2NH_3$$

③ 電 弧 法

$3,300°C$ という高温の電気炉中で，空中の窒素を酸素で酸化すると酸化窒素が得られる。酸化窒素は酸化，水和を経て亜硝酸塩，硝酸塩に誘導される。

$$N_2 + O_2 \longrightarrow 2NO, \qquad NO + O_2 \longrightarrow NO_3$$

14.4 環境汚染の化学

人口の増大に伴う食料および生活資材の増大は，生物圏の物質循環を活発化し，存在する化学物質量の変化を引き起こした。特に工業化の進展は従来の自然界には存在しなかった様々な化学物質を環境に放出するようになった。これらの物質のあるものは量的には微量であっても，人間の生存環境に強い影響を与え，人類の生存に悪影響を及ぼすものとして，その影響除去・抑制のための対策が講じられてきている。

14.4.1 大気汚染問題

(1) 地球温暖化ガスの集積増大

産業革命以後の工業化社会の進行を支えてきたものは，石炭や石油の採掘に伴う化石エネルギー利用である。結果として，炭素の循環過程が変化を受け，大気中に放出される二酸化炭素が，固定される二酸化炭素量を上回るようになってきた。すなわち，図 14.5 に示すように近年大気中の二酸化炭素濃度が徐々に増大してきた。それは年に約 2 ppm のペースで増加し，2014 年には約 400 ppm に達している。

大気中の二酸化炭素濃度の増大は世界の平均地上温度の上昇をもたらしている。図 14.6 に示すように 2015 年の世界の年平均気温は平年に比べて $0.42°C$ 高く，1891 年の統計開始以降，最も高い値となった。特に 1990 年代以降，気温が平年を上回る年が多くなっていることがわかる。

大気中の二酸化炭素濃度の上昇と地球の温暖化との間の関係は，次のように説明される（図 14.7）。太陽から地球に到達するエネルギーの大部分は可視光線な

14.4 環境汚染の化学

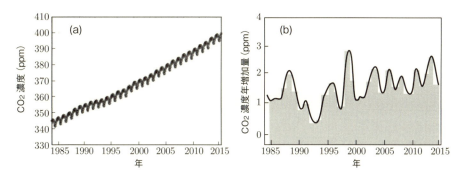

図 14.5 二酸化炭素濃度の年次変化（WHO 温室効果ガス年報，2015 年より）

二酸化炭素の 1984 年から 2014 年までの (a) 世界平均濃度と (b) その一年あたりの増加量。
(b) の塗りつぶしの棒グラフは前年からの濃度差。

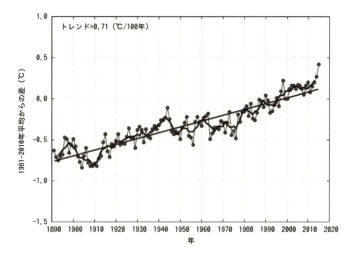

図 14.6 世界の年平均気温偏差（気象庁ホームページより）

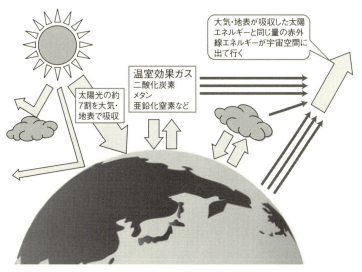

図 14.7 温室効果の模式図（気象庁ホームページより，一部改変）

地球から出ていく赤外線を温室効果ガスや雲が吸収して下向きに戻す

ので，空気粒子による散乱や反射で減少しながらも，その半分以上が直接地面に到達し地面を暖める。一方でその温度に比例した赤外線を放出するので，地面からは赤外線が放出される。この赤外線は途中にある空気に部分的に吸収されて空気層を暖める。二酸化炭素は赤外線の吸収力が大きいので，地球外部への赤外線の放出を妨げる効果，すなわち温室効果が高い。二酸化炭素のように赤外線吸収力が大きく，地表から地球外へ放出される赤外線を吸収し地表の温度を高める効果を持つガス類を**温室効果ガス**という。

温室効果ガスとしては二酸化炭素 (CO_2) 以外に亜酸化窒素 (N_2O) やメタン (CH_4) などが知られており，それらの排出量削減に向けての世界的努力が進められている。

(2) オゾン層破壊物質

大気中の酸素分子（O_2）の一部は太陽光の中の紫外線の作用により原子状の酸素 (O) に分解し，それが別の酸素分子と結合してオゾン（O_3）が形成される。オゾンはまた別の波長の紫外線で分解され，酸素分子と原子状酸素に分解されるが，これらの反応は繰り返して行われ，定常状態になっている。結果としてオゾンは対流圏から成層圏にかけて存在するが，地上 25 km 附近の成層圏下部附近にたまりやすく，いわゆる**オゾン層**が形成されている。

オゾン層が存在するために，地上の生物に有害性のある太陽光線中の短波長紫外線が吸収され，生物の生存環境が良好に保たれている。例えばオゾン層の作用が弱まると人間の皮膚ガンが増大すると言われている。

近年さまざまな化学物質が環境中に放出されているが，それらの中にはオゾンと反応して分解するものがある。その代表的なものは冷蔵庫などの冷媒やスプレー噴射剤として広く使用されていたフロンガス（CCl_3F，CCl_2F_2，$CHClF_2$，$CClF_2CCl_2F$ 等）であり，その他農薬として使用されている臭素化メチルなどがあり，製造が禁止あるいは制限されている。

(3) 大気汚染物質

大気中には人間活動の結果，生成するさまざまな化学物質が放出され，動植物の生育や人の健康に対して悪影響を及ぼしている。

特に二酸化硫黄 (SO_2) は環境や人の健康に及ぼす影響の大きいことが知られている。二酸化硫黄は古くは鉱山の精錬所などから放出された。この結果，周辺の山林の樹木が枯死して禿げ山になり，洪水被害が頻発するようになり，酸性化した河川水灌漑による被害が続出した。また農作物を中心にいわゆる煙害を起し，住民の健康に対する影響も出た。かつて四大公害病の一つに数えられた四日市喘息などの原因物質ともなっている。

現在は，重油や石炭の燃焼，ディーゼル車走行などによっても発生し，人体影響なども無視できない二酸化硫黄，一酸化炭素，浮遊粒子状物質，二酸化窒素，光化学オキシダントなどを含めて，法律により，その環境に対する放出が規制されている。

表14.4には，現在日本において「大気汚染に係わる環境基準（昭和48（1973）

14.4 環境汚染の化学

表 14.4 大気汚染に係わる環境基準

物　質	環境上の条件（設定年月日等）
二酸化硫黄 （SO_2）	1時間値の1日平均値が 0.04 ppm 以下であり，かつ，1時間値が 0.1 ppm 以下であること（48.5.16 告示）
一酸化炭素 （CO）	1時間値の1日平均値が 10 ppm 以下であり，かつ，1時間値の8時間平均値が 20 ppm 以下であること。(48.5.8 告示)
浮遊粒子状物質 （SPM）	1時間値の1日平均値が 0.10 mg/m³ 以下であり，かつ，1時間値が 0.20 mg/m³ 以下であること。(48.5.8 告示)
二酸化窒素 （NO_2）	1時間値の1日平均値が 0.04 ppm から 0.06 ppm までのゾーン内又はそれ以下であること。(53.7.11 告示)
光化学オキシダント （Ox）	1時間値が 0.06 ppm 以下であること。(48.5.8 告示)

（環境省ホームページより）

年5月）」において基準が設定されているものを挙げている。

　環境基準は「人の健康の保護及び生活環境の保全のうえで維持されることが望ましい基準として，終局的に，大気，水，土壌，騒音をどの程度に保つことを目標に施策を実施していくのかという目標を定めたもの」である。

(4) ダイオキシン

　ダイオキシンはベトナム戦争時に米軍により使用された枯れ葉剤中に不純物として含まれ，地域住民の間に双頭児などの奇形児を誕生させ，また発がん性についても疑いをもたれている物質である。一般にはダイオキシン類は工業的に製造する物質ではなく，ものの焼却過程などで自然に生成してしまう物質である。環境中での存在量は極めてわずかであるが，その汚染減少対策が強力に進められている。

　ダイオキシン類は図 14.8 のように基本的には二つのベンゼン環が酸素原子を

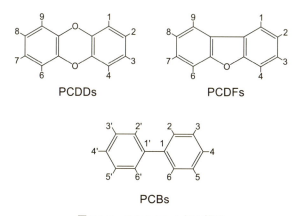

図 14.8 ダイオキシン類の構造

介して（あるいは直接）結合した構造をとる。図 14.8 の 1～9 および 2′～6′ の位置には塩素または水素が結合するが，塩素の数や結合する位置によって構造が異なるので，PCDD（ポリ塩化ジベンゾパラジオキシン），PCDF（ポリ塩化ジベンゾフラン），PCB（ポリ塩化ビフェニル）の仲間は多数存在する。これらのうち 29 種類が毒性を示すとみなされている。

14.4.2　水質汚染問題

　産業活動や人間生活にともない，多くの廃棄物が排水を経由して環境に放出され，結果として河川，湖沼，閉鎖性海域などの汚染問題を引き起こすことになる。

(1)　硫酸酸性水

　① **鉱山排水**：栃木県足尾銅山などの鉱山では，製錬に伴い硫酸酸性水が排出され，灌漑水を汚染した。また岩手県松尾鉱山などの硫黄採掘鉱山などからは，硫黄の酸化により生成する硫酸により河川が酸性水となった。酸性水は，排出源において石灰投入などにより中和されるが，量的に十分ではなく，影響が広く河川流域に及ぶことになる。

　② **重金属汚染**：重金属採掘製錬および重金属利用工業活動により，各種有害重金属が排水中に排出された。その主なものは，銅，カドミウム，砒素，水銀等である。

　カドミウム (Cd)：岐阜県神岡鉱山の排水中には高濃度のカドミウムが含まれ，岐阜県と富山県を流れる神通川により，流域の水田地帯に広く流入し，腎障害等を起し，いわゆる「イタイイタイ病」を発症させた。現在は土壌汚染防止法（平成 14 (2002) 年 5 月）により，玄米中カドミウム 0.4 ppm 以上を含有する水稲が生産される土壌は，土壌の入れ替えなど適宜な方法により土地改良を実施することとしている。

　水銀 (Hg)：水銀は人体に蓄積されることによって毒性を発揮する。とくに水銀の化合物の毒性は高い。1968 年に熊本県チッソ（株）および新潟県昭和電工（株）から排出されたメチル水銀が河川（阿賀野川）や海洋（水俣湾）に流入し，それを摂取した魚類の中に蓄積され，その魚類を摂取した漁民ら多数にメチル水銀による神経障害，いわゆる「水俣病」を引き起こした。また 1970 年代までは，稲熱病防除のためにフェニル水銀製剤の散布が行われていたので，玄米中の水銀濃度が高かったが，使用が禁止されて以降は少なくなった。

　人の健康に悪影響を及ぼす恐れのある砒素その他の重金属類も，その排出についての規制がされている。

　③ **窒素化合物，硝酸など**：環境中には工場排水，家庭排水，下水，し尿処理場排水，家畜汚水や水田肥料流出などさまざまな経路により有機物や無機物が放出されている。放出された有機物は河川・湖沼・閉鎖性海域などにおいて微生物分解を受けて終局的にはアンモニア，硝酸，リン酸その他の無機物となる。これらの無機物は植物性プランクトンや藻類などの栄養物となるが，場合によると，異常増殖により，赤潮，アオコなどの発生ともなり水産被害問題を引き起こす。

14.4 環境汚染の化学 155

(2) 水質汚染防止法

　これらの問題に対処するために公害対策基本法に基づき「水質汚濁に係る環境基準（昭和46（1971）年12月）」が定められている。そこで規定されている平成28（2016）年改正後の水質基準を**表14.5**に示す。この基本法には，前述以外の多くの化学物質，農薬なども取り上げられている。

表14.5 人の健康の保護に関する環境基準

項目	基準値
カドミウム	0.003 mg/L 以下
全シアン	検出されないこと。
鉛	0.01 mg/L 以下
六価クロム	0.05 mg/L 以下
砒素	0.01 mg/L 以下
総水銀	0.0005 mg/L 以下
アルキル水銀	検出されないこと。
PCB	検出されないこと。
ジクロロメタン	0.02 mg/L 以下
四塩化炭素	0.002 mg/L 以下
塩化ビニルモノマー	0.002 mg/L 以下
1,2-ジクロロエタン	0.004 mg/L 以下
1,1-ジクロロエチレン	0.1 mg/L 以下
シス-1,2-ジクロロエチレン	0.04 mg/L 以下
1,1,1-トリクロロエタン	1 mg/L 以下
1,1,2-トリクロロエタン	0.006 mg/L 以下
トリクロロエチレン	0.01 mg/L 以下
テトラクロロエチレン	0.01 mg/L 以下
1,3-ジクロロプロペン	0.002 mg/L 以下
チウラム	0.006 mg/L 以下
シマジン	0.003 mg/L 以下
チオベンカルブ	0.02 mg/L 以下
ベンゼン	0.01 mg/L 以下
セレン	0.01 mg/L 以下
硝酸性窒素及び亜硝酸性窒素	10 mg/L 以下
フッ素	0.8 mg/L 以下
ホウ素	1 mg/L 以下
1,4-ジオキサン	0.05 mg/L 以下

（環境省ホームページより）

14.4.3　土壌汚染問題

(1)　土壌汚染対策法

　土壌が有害物質に汚染されると，その汚染された土壌が直接口に入ったり，土壌から溶け出した有害物質が流れ込む地下水を飲んだり，土壌から揮発した有害物質を吸い込んだりすることなどにより，人の健康が損なわれるおそれがある。近年，東京都の築地市場移転問題に見られるように，企業の工場跡地等の再開発に伴い，重金属，揮発性有機化合物等による土壌汚染が顕在化してきている。このような有害物質による土壌汚染の件数の増加は著しく，土壌汚染による健康影響の懸念や対策の確立への社会的要請が強まっている。そこで日本では，国民の安全と安心の確保を図るため，土壌汚染の状況の把握と土壌汚染による人の健康被害の防止に関する措置等の土壌汚染対策を実施することを内容とする「土壌汚染対策法」が，平成14（2002）年5月に成立した。

(2)　農用地土壌汚染防止法

　農用地土壌汚染防止法は，「農用地の土壌の特定有害物質による汚染の防止及び除去並びにその汚染に係る農用地の合理化を図るために必要な措置を講ずることにより，人の健康をそこなうおそれがある農畜産物が生産され，又は農作物等の生育が阻害されることを防止し，もって国民の健康の保護及び生活環境の保全に資すること」を目的として昭和45（1970）年12月に制定された。この法律において，カドミウム，銅，砒素は，「特定有害物質」として指定されており，調査結果に基づき適切な汚染除去を行わなければならないことになっている。

14.5　世界および日本の資源

14.5.1　エネルギー資源

　世界で使われているエネルギー資源として，石油，天然ガス，石炭が約8割を占めている。石油は，サウジアラビアなどの中東に世界の埋蔵量の3分の2が集中している。日本は石油のほとんどを中東から輸入している。天然ガスは，中東やロシアなどに埋蔵されている。日本における天然ガスの埋蔵量は少なく，オーストラリア，カタール，マレーシアなどから輸入している。石炭は世界に広く埋蔵されている資源で，多くの国で掘り出されている。かつては日本でも採掘していたが，今ではほとんどをオーストラリア，インドネシア，ロシアなどから輸入している。日本は世界の一次エネルギー総消費量において，中国，アメリカ，インド，ロシアに次いで5番目のエネルギー消費国である（**図14.9**）が，その自給率はわずか6%程度である。

　発展途上国の経済発展に伴って，世界で使われるエネルギー量は年々増加している。特に中国は，2010年ごろから世界一のエネルギー消費国となった。エネルギー消費量の増大は，地球温暖化という問題を深刻化している。そのため，世界各国で，再生可能エネルギー（太陽光や太陽熱，水力，風力，バイオマス，地熱などのエネルギー）を積極的に利用することが重要な課題となっている。

14.5 世界および日本の資源

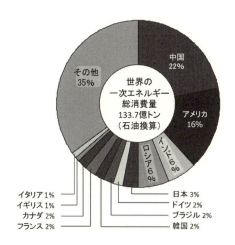

図 14.9 世界の一次エネルギー総消費量（2012 年）
（電気事業連合会「原子力・エネルギー図面集 2015」より）

14.5.2 鉱物資源

　日本はかつて銀や銅の世界有数の産出国であったが，資源の枯渇，為替の変動，人件費や環境対策費の上昇等により採算がとれなくなったため，閉山が相次ぎ，日本の金属鉱山は菱刈金山（鹿児島県）のみとなった。このため，必要な金属資源のほぼ全量を海外から輸入している。特に，電子機器に欠かせないレアメタル（希少金属）とよばれる金属は，埋蔵されている地域がかたよっているため，確保するのが難しくなっている。このため，日本ではリサイクルが進み，大量に廃棄される電子機器に眠っているレアメタルを再利用している。資源を輸入に頼っている日本はこのようにリサイクルに対する取り組みが欠かせない。

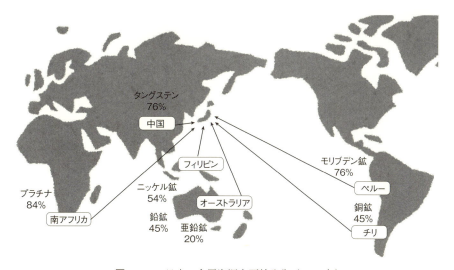

図 14.10 日本の金属資源主要輸入先（2016 年）
（（独）石油天然ガス・金属鉱物資源機構ホームページより）

14.5.3 水 資 源

　日本の年間の降水量は約 6,400 億 m^3 であり，そのうち約 36%は蒸発散し，残りの約 4,100 億 m^3 が日本の国土で我々が最大限利用することができる理論上の量（水資源賦存量）となる。実際に使用される年間の水量は，2012 年の取水量ベースで，生活用水として約 151 億 m^3，工業用水として約 115 億 m^3，農業用水として約 539 億 m^3 であり，その合計量は約 805 億 m^3 になる。

　近年，地球温暖化の進行，極端な大雨の頻度の増加，融雪の早期化による干ばつのリスク増加等が指摘されている。実際，日本でも渇水が頻発するようになり，各地で安定的な水の供給が損なわれることが懸念される。

　日本の水道普及率は 100%に迫っており，ペットボトルなどで販売されているミネラルウォーターの消費量増大や家庭用浄水器の普及が進むなど，安全でおいしい水に対する関心が高まっている。今後，「安全でおいしい水」を確保するために，水源となる河川・湖沼等の水質の改善・維持，ダム等の水関連施設の老朽化，水質悪化の発生リスク，災害時の水供給などの課題に対応していくことが重要となる。

15 社会を支え監視する 鑑定・分析化学

　我々はさまざまな化学物質に囲まれて生活している。近年，地球環境の悪化が懸念されているが，その背景には PM2.5，二酸化炭素，窒素酸化物といった化学物質が関与している。さらにエネルギー，農業，薬，医療といった生活に関係する分野にも化学物質は密接に関与している。我々の生活と化学物質の関係を理解してより良い社会を実現するためには，物質を分離して同定する（**定性分析**），さらにはどのくらい含まれているのかといった定量（**定量分析**）が欠かせない。このような分野は分析化学といわれている。

　実際の分析化学は，まず試料の採取（サンプリング）から行われる。次に採取した試料から成分の分離を行い，最後に測定を行う。中和，酸化・還元，キレート滴定といった滴定法や，ルツボ内の物質を灰化させて重量を測定する重量分析などは化学的な測定法であり，近年開発が進んだ分析機器を用いる物理的な測定法も用いられる。この「採取」「分離」「測定」の各方法について現在も新しい理論や技術の開発が盛んに行われている。

　分析化学が扱う分野は数多くあるが，ここでは社会を支え監視する鑑定・分析化学に注目する。特に犯罪捜査という観点から例を挙げ，測定に関わる背景も含め解説していく。

15.1 血痕判定

　血痕の有無を判定するために**ルミノール反応**が広く用いられている。比較的新しい血痕の色は新鮮な赤色をしているが，時間と共に変色していく。そのため犯行現場で見つかったシミが実際の血痕なのかどうかを確かめるためにルミノール反応が用いられる。

　ルミノールは IUPAC（国際純正応用化学連合；International Union of Pure and Applied Chemistry）名で 5-アミノ-2,3 ジヒドロ-1,4 フタラジンジオン，慣用名で 3-アミノフタルヒドラジドとよばれ，**図 15.1** のような構造を持つ。白色の固体であり，塩基性溶液中で過酸化水素，オゾンなどと反応して酸化されると発光する。この発光は**図 15.2** に示すような波長 425 nm 付近に極大を持つため，鮮やかな青紫色が観測される。

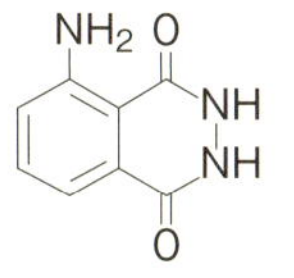

15.1.1 光の色と補色

　光の性質はエネルギー (E) によって区別され，エネルギーは光の波長 (λ) との間に次のような関係がある。

図 15.1 ルミノールの構造式。ルミノールが血液中の鉄を触媒とした化学反応によって発光が観測される。このため犯行現場での血痕捜査に用いられる。ルミノール発光は血液以外でも起こる場合があるため，簡易的な捜査に留まる。

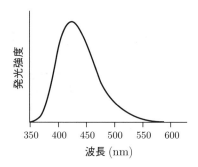

図 15.2 塩基性溶液中でのルミノールの発光スペクトル
波長 425 nm 付近に極大を持つ発光スペクトルが観測される。

$$E = \frac{hc}{\lambda}$$

ここで，h はプランク定数 (6.6×10^{-34} Js)，c は光の速度 (3.0×10^8 m/s) である。光の波長が式の分母に入っているため，波長が長い光（λ の値が大きい）ほど，光の持つエネルギーは小さい。一方，波長が短い光（λ の値が小さい）ほどエネルギーは大きいということになる。我々の目に見える光は**可視光線**とよばれ，波長にして赤 (650 nm)，橙 (620 nm)，黄 (570 nm)，緑 (510 nm)，青 (460 nm)，藍 (440 nm)，紫 (420 nm) 程度である。このため，紫の光はエネルギーが大きく，赤い光はエネルギーが小さい光である。

　人間の目はこの波長の違いを色の違いとして認識している。それでは光では無く，色の付いた物体，例えば「赤い」リンゴは赤い光を発しているのだろうか。答えは否である。物質は光を当てると特定の波長の光を吸収する。しかし吸収されない波長の光も存在し，その光が反射して我々の目に入ってくる。つまり我々は物質が反射した光を見ていることになる。このとき吸収される色と実際に見える色の関係を**補色**とよぶ。図 15.3 に光の波長と補色の関係を示した。ルミノールの発光では，波長 425 nm 付近に極大を持つ光が「発せられる」ため，これは補色ではなく，光の色ということになる。

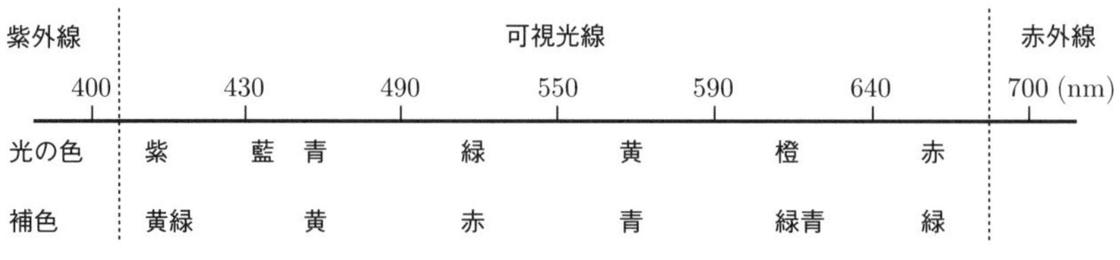

図 15.3 可視光領域における色と補色の関係

我々の目は，可視光線のなかで物体が吸収せず反射した光を見ている。このため「赤いリンゴ」はリンゴによって短波長側の青い光が吸収され，長波長側の赤い光が反射した結果である。本節のルミノール発光は，ルミノール溶液から青い光が出ているためであり，補色ではない。

15.1.2 ルミノール反応

　ルミノールは塩基性の溶媒にはよく溶解し，酸性の溶媒にはほとんど溶解しない。このためルミノールを水酸化ナトリウム水溶液等に溶かす。ルミノールが化学反応を起こして光を発する分子に変化するためには，フリーラジカル種とよばれる非常に反応性の高い分子が必要となる。一般的な方法としては過酸化水素 (H_2O_2) の分解によって生じる強力な酸化剤（O_2^-；スーパーオキシドアニオン）を用いるが，この分解反応には，鉄や銅といった触媒が必要である。ところで血液中のヘモグロビンにはヘム鉄とよばれる鉄原子を持つ物質が存在する（図 **15.4**）。したがってこのヘム鉄が触媒となることで，過酸化水素から O_2^- が生成され，ルミノールが**図 15.5** に示す化学反応を起こす。反応で生じた分子はエネルギーが高い**電子励起状態**にあり，青紫色の光を放出する。

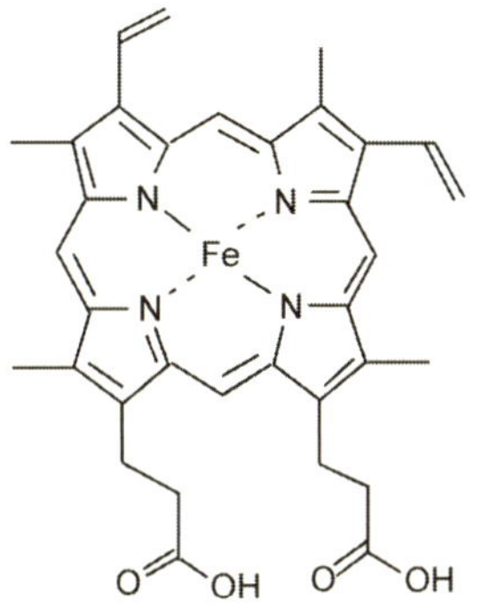

図 15.4　ヘム鉄の構造式

過酸化水素を分解させ酸化剤（スーパーオキシドアニオン；O_2^-）を生成させるための触媒として働く。過酸化水素は鉄以外にもダイコン，キュウリ，ワサビ等に含まれる酵素（ペルオキシターゼ）によっても分解し酸化剤を放出するため，ルミノール発光即ち血痕とは断定できない。中心金属が Mg のものは，クロロフィルである。

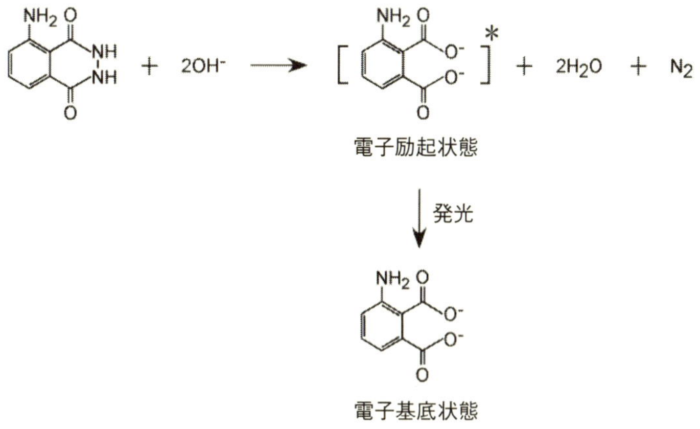

図 15.5　ルミノールが化学発光を起こす際の反応式

酸化剤によってルミノールは 3 アミノフタル酸の電子励起状態へ変化する。この電子励起状態の 3 アミノフタル酸が電子基底状態に戻るときに青い光を発する。

15.1.3　電子基底状態と電子励起状態

　前項で出てきた**電子励起状態**とはどのような状態であるか。これを簡単に説明するため，ルミノールではなく，ホルムアルデヒド ($H_2C{=}O$) を例にあげる。ホルムアルデヒド分子には，最もエネルギーの低い安定な状態，つまり**電子基底状態**で電子が 16 個ある。電子基底状態の電子配置を決めていく場合は，低いエネルギーを持つ電子軌道から順に電子を満たしていく。

$$\Phi_0(H_2C{=}O) = K(\pi_{C=O})^2(n_O)^2(\pi_{C=O}^*)^0$$

ここで，K は原子核に束縛されている 12 個の内殻電子を示している。また $\pi_{C=O}$ は CO 結合を形成している π 軌道，$\pi_{C=O}^*$ はその反結合性軌道，n_O は酸素の非

共有電子対（結合に関与していない電子）を表している。この場合，電子が詰まっている最も高いエネルギーの軌道 n_O を**最高被占軌道** (HOMO) とよび，電子が詰まっていない最もエネルギーの低い軌道 $\pi^*_{C=O}$ を**最低空軌道** (LUMO) とよぶ。

化学の分野で電子遷移を考える場合，この HOMO と LUMO の間の電子遷移を考えればほぼ十分である。今，分子が光や熱などによりエネルギーを得て，電子が 1 つ上の軌道に移った**電子励起状態**を考える。ホルムアルデヒドの場合，$\pi_{C=O}$ と n_O 軌道のエネルギーが近接しており，このため $\pi_{C=O}$ もしくは n_O 軌道から，反結合性の $\pi^*_{C=O}$ へ電子が 1 つ移る状態が考えられる。それらは，

$$*\Phi_0(\text{H}_2\text{C}=\text{O}) = \text{K}(\pi_{C=O})^2(n_O)^1(\pi^*_{C=O})^1$$
$$= \text{K}(\pi_{C=O})^1(n_O)^2(\pi^*_{C=O})^1$$

と書き表される。$*\Phi_0(\text{H}_2\text{C}=\text{O})$ は電子励起状態のホルムアルデヒドを示している。n_O から $\pi^*_{C=O}$ への電子遷移を表す最初の式は $n\pi^*$ 遷移とよばれ，$\pi_{C=O}$ から $\pi^*_{C=O}$ への電子遷移を表す 2 番目の式は $\pi\pi^*$ 遷移とよばれる。この電子励起状態が電子基底状態へ戻るとき（$*\Phi_0$ から Φ_0 への遷移），差分のエネルギーが光として放出される場合がある。ルミノールの場合，高い電子励起状態にある分子（3 アミノフタル酸）が電子基底状態へ戻るときに，青紫色の光を放出している。

15.1.4 酸化剤

ルミノール反応のように化学反応によって光が放出される現象を**化学発光**とよぶ。上の反応では過酸化水素が血の中に含まれるヘム鉄と反応し，強力な酸化剤が放出され，それによってルミノールが化学発光を起こす分子構造へと化学反応を起こしている。過酸化水素を分解させる物質は鉄の他に銅やコバルトなどを含む物質も触媒となり得る。したがって単純にルミノール発光＝血痕とはならないので注意が必要である。

化学発光の中で我々に馴染みの深い現象をもう一つあげておく。それはホタルの発光である。蛍の光はホタルルシフェリンとよばれる分子が関与していることがわかっている。ホタルルシフェリンが光を発するにはルミノールの場合と同様に，ホタルルシフェリンが酸化されることが必要となるが，それを担うのがホタルルシフェラーゼとよばれる酵素である。つまりホタルルシフェラーゼによって酸化され電子励起状態になったホタルルシフェリンが電子基底状態へ遷移する際に発する光がいわゆる蛍の光である。加えてこのホタルルシフェリンの発光は酸性度によって波長が変化することが知られており，酸性度の強いところでは赤い発光，中性付近では黄緑色の発光を示す。

15.2 デオキシリボ核酸（DNA）判定

我々の一人ひとりは両親から受け継いだ固有の DNA を持っている。このため犯罪現場に残された血液や体液，皮膚や毛髪といった断片から犯人の DNA を複

15.2 デオキシリボ核酸（DNA）判定　　　　　　　　　　　　　　　　　　　163

製・増幅させ，被疑者特定のための証拠として用いることができる。

　人間は核を持つ細胞を10兆個程度持っており，その細胞核のそれぞれに遺伝
情報が含まれている。細胞核に含まれるDNAは約2mの長さをもつ長い物質
である。このため**ヒストン**とよばれるタンパク質に巻きつくことにより折り畳ま
れ，46個の**染色体（クロマチン）**内部に収納されている。ヒストン（コアヒスト
ン）はH2A，H2B，H3，H4の4種類に分類され，それぞれ2分子ずつ集まり8
量体を形成している。このヒストン8量体はDNAの約146個の塩基対分を左巻
きに約1.65回巻きつけることで，**ヌクレオソーム**とよばれる一単位を形成して
いる。これがクロマチン構造の最少単位である。ヌクレオソームどうしを結び付
けていくヒストンはリンカーヒストンとよばれ，この集合体によって染色体が形
成されている。染色体の中にあるDNAには，さまざまなタンパク質を合成する
ための情報が記録されている場所があり，それらを**遺伝子**とよぶ。

　インスリン，ヘモグロビンといったタンパク質を合成する遺伝子は人類の大部
分に共通であり，組み換えが起きることはほとんどない。実はこれらのタンパ
ク質合成に必要かつ重要な遺伝子は全DNA情報の約2%程度に留まり，残りの
98%は遺伝に使用されない。しかしながらこの98%の部分に各人の個人差が現れ
ており，この部分が犯罪捜査に用いられることとなる。

15.2.1　二重らせん構造

　まずDNAの構造を考えていく。これまでの研究によりDNAはリン酸，糖，
塩基から構成されることがわかっており，その基本単位を**ヌクレオチド**とよぶ。
リン酸と糖はすべてにおいて共通であるが，塩基はアデニン (A)，グアニン (G)，
シトシン (C)，チミン (T) という4種類のいずれかである。DNAは数千個のヌ
クレオチドがリン酸基により結合した**図15.6**のような構造をとっている。

　1940から1950年代にかけて，シャルガフ (Chargaff, E., 1905-2002) はさまざ
まな生物種から採取したDNAに含まれる4種類の塩基の存在比を決定する研究
を行った。例えば人類ではA=31.0%，T=31.5%，G=19.1%，C=18.4%といった
値であり，大腸菌ではA=24.6%，T=24.3%，G=25.5%，C=25.6%である。その
結果，同一の種では年齢，栄養状況，生育環境に関わらず（例えば男女，国の違
い等）この存在比は変化しないことが分かった。さらに詳しく調べると，アデニ
ンとチミンの存在比が等しく ($\%A \cong \%T$)，グアニンとシトシンの存在比が等し
いことが分かった ($\%G \cong \%C$)。発見されたこれらの法則を**シャルガフの法則**と
よぶ。

　DNAの構造を知るために続いて行われた研究がX線回折であった。X線は波
長が短い高エネルギーの光であり，原子に当たると跳ね返される（回折，散乱
する）。これを結晶に応用すれば，結晶内の原子の配置を知ることができる。女
性の物理学者フランクリン (Franklin, R., 1920-1958) は当時最新の分析技術で
あったこのX線回折の手法を用い，繊維状にしたDNAからのX線回折像の撮
影に1952年に初めて成功した。彼女は得られたX線回折像の解析を独自に進
めていたが，彼女のデータを閲覧する立場にあったウィルキンス (Wilkins, M.

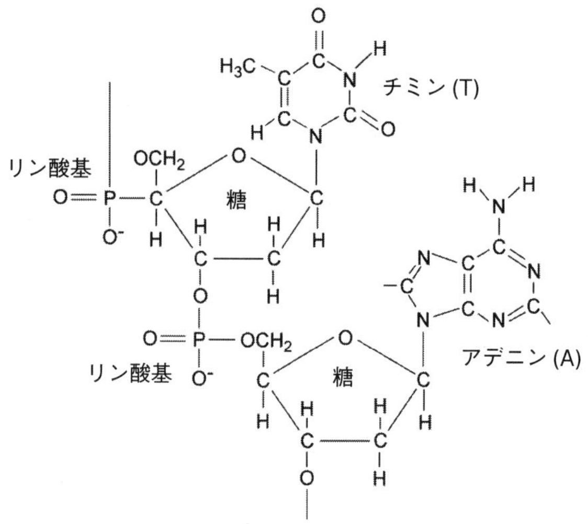

図 15.6 ヌクレオチドの構造

DNA の性質を特徴づける塩基（アデニン (A)，チミン (T)，グアニン (G)，シトシン (C)）は，糖（デオキシリボース）に結合している。リン酸基が糖と糖を結び付けることによって DNA（の 1 本鎖）が作られている。

H. F., 1916-2004) が，他の研究機関に在籍していたワトソン (Watson, J. D., 1928-) とクリック (Crick, F. H. C. 1916-2004) に彼女の撮影した X 線回折像を見せてしまった。このデータをもとにワトソンとクリックは DNA の**二重らせん構造**を思いつき，1953 年 4 月 24 日掲載の科学雑誌 Nature に 1 ページの短い論文（"Molecular Structure of Nucleic Acid: A Structure of Deoxyribose Nucleic Acid"）を発表した。一方フランクリンは 1952 年に非公開ながらも，測定データをまとめたレポートを所属研究機構の年次報告書という形ですでに提出していた。そこにはフランクリン自身が書き込んだ数値や解釈が述べられていたが，そのレポートもクリックの指導教官ペルーツ (Perutz, M. F., 1914-2002) からクリックへ渡ってしまったといわれている。彼女による解釈が二重らせん構造を突き止める手掛かりになったことは想像に難くないが，クリック自身はこのことについてコメントはしていない。

ワトソンとクリック，及び DNA の構造解析を行っていたウィルキンスは，その功績から 1962 年のノーベル生理学・医学賞が与えられた。二重らせん構造に帰着するために必要なデータはすべてフランクリンによって測定され，ワトソンとクリックはそのデータを単に解析しただけである。実はフランクリンは実験に際し多量の X 線を被ばくしてしまい，1958 年に卵巣ガンで 37 歳の生涯を終えた。ノーベル賞は死者には授与されない。

15.2.2　相補的塩基対（ワトソン・クリック構造）

ワトソンとクリックは，DNA の構造を考える上でアデニン (A) とチミン (T) が 2 本の水素結合を使って，シトシン (C) とグアニン (G) が 3 本の水素結合を使って対を作ることができることに気が付いた（**図 15.7**）。この A-T，C-G の

15.2 デオキシリボ核酸（DNA）判定　　　　　　　　　　　　　　　　　　165

対を**相補的塩基対**（ワトソン・クリック構造）とよぶ。この構造によって，アデニンとチミン，シトシンとグアニンの存在比が同じであるというシャルガフの法則も説明できることになる。

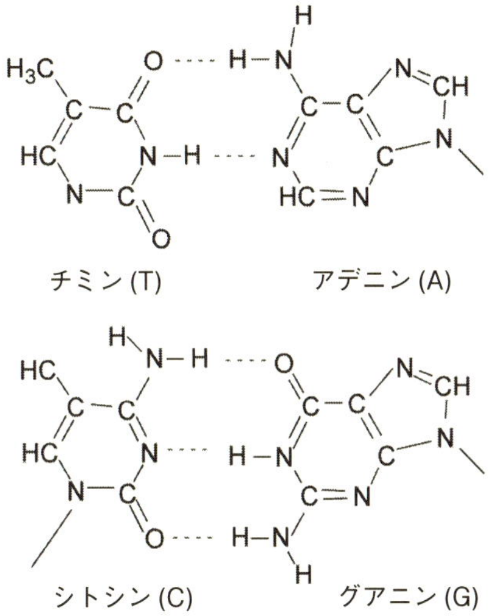

図 15.7 相補的塩基対（ワトソン・クリック構造）

アデニン (A) とチミン (T) は 2 本の水素結合を作って対を作っている。また，グアニン (G) とシトシン (C) は 3 本の水素結合を作って対を作っている。この水素結合によって DNA の 1 本鎖どうしが結びつき，二重らせん構造が形成される。

15.2.3 コドン

先に記したように染色体の中にある DNA 上には遺伝子が存在し，さまざまなタンパク質を合成するための情報が記録されている。ところでタンパク質はアミノ酸が連なってできる巨大分子であり，例えば血糖値を下げる働きを持つインスリンは 51 個のアミノ酸からできている。ヒトのインスリンと豚のインスリンはわずかに 1 個のアミノ酸が異なるだけだが，豚インスリンではヒトの血糖値に対する働きは低下する。またヒトのヘモグロビンは 574 個のアミノ酸でできており，わずか 2 か所のアミノ酸が異なるだけで，貧血症を引き起こす鎌形赤血球に変わってしまう。このため，DNA 上の遺伝子に従ってタンパク質を，つまりその構成要素である 20 種類のアミノ酸を正確に反応させる必要がある。

DNA はヌクレオチドが連なったものであるが，リン酸と糖はすべての DNA に共通であるため，塩基配列だけが DNA に変化をもたらすことができる。つまりアミノ酸合成のための暗号情報として使うことができる。

(a) もし 1 つの塩基が 1 つのアミノ酸に対応している場合，DNA の塩基は ATGC の 4 種類だけなので，4 種類のアミノ酸しか合成できないことになる。

(b) 続いてもし 2 つの塩基配列が 1 つのアミノ酸に対応している場合，$4 \times 4 = 16$ となって，これも 20 種類のアミノ酸合成には対応できない。

(c) そこで 3 つの塩基配列が 1 つのアミノ酸に対応している場合，$4 \times 4 \times 4 = 64$ となり，必要な 20 種類は網羅できることになる。

実際，3つの塩基配列が1種類のアミノ酸合成に関係している。この3つの塩基配列を，**コドン（トリプレットコドン）**とよぶ。このコドンをもとに**メッセンジャー RNA**（m-RNA）とよばれる物質が用意され，これが実際にアミノ酸を合成する際に用いられる鋳型として働く。コドンとして利用可能な64種類のうち，61種類が特定のアミノ酸に対応し，残り3種類は合成開始と停止を指示する働きをしている。アミノ酸の数は20であり，一方コドンの数は61であることからコドンには重複があり，1つのアミノ酸に対して複数のコドンが存在する場合がある。例えばロイシン，セリン，アルギニンには6種類ものコドンが対応するが，トリプトファンやメチオニンには1種類のコドンしかない。このコドンとアミノ酸の対応関係は，すべての生物で同じである。

15.2.4 ポリメラーゼ連鎖反応（PCR）

ところで犯罪捜査に DNA を用いるとしても，現場に残された遺留品はわずかな量である場合が多い。このため DNA を複製する技術を用いる。バイオテクノロジーの会社に勤めていたマリス (Mullis, K. B., 1944-) は，1個の DNA 断片から数十億個のコピーを数時間で作り出す手法を開発し，科学雑誌 Methods in Enzymology に "Specific synthesis of DNA in vitro via a polymerase-catalyzed chain reaction" と題する論文を1987年に発表した。この手法は PCR 法とよばれ，**図 15.8** に示すような方法を取る。まず

(a) 複製したい DNA が含まれる溶液に熱を加え，二重らせん構造を解き，1本鎖にする。

(b) 冷えた1本鎖の溶液に，塩基部分が異なる4種類のヌクレオチド，プライマーとよばれる1本鎖の合成ヌクレオチド，DNA ポリメラーゼとよばれる酵素をそれぞれ加える。

(c) 最初に作成した DNA1 本鎖にプライマーが結合することで，複製したい部分に印を付ける。(d) そしてポリメラーゼ酵素は，プライマーの位置から出発して，溶液中にある遊離ヌクレオチドを使った相補的塩基対を形成するよう指示を出す。

この一連の反応によって，複製したい部分の DNA は2本から4本になったことになる。この操作を繰り返すと2, 4, 8, 16, 32, 64, 128, 256 …と結局 n 回の作業で DNA の数は 2^n 個になり，例えば $n = 20$ のときは1048000個まで複製される。PCR 反応は極めて速い反応であり，先の (a) から (d) の1サイクルに係る時間は1〜2分であるため，1時間程度の反応で犯罪捜査に必要十分な量の DNA を得ることができる。

15.2.5 電気泳動法

次に先の PCR 法により複製された DNA に酵素を反応させて断片化させる。得られた断片は**電気泳動**とよばれる分析法により分析される。電荷をもった粒子や分子に電場をかけると，分子の質量や電荷で移動速度が異なることを利用した分析手法である。つまり同じ1価の電荷をもつ分子イオンであれば，分子量が重

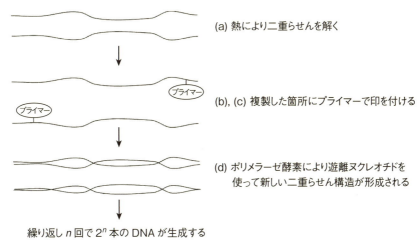

図 15.8 ポリメラーゼ連鎖反応（PCR）

この一連の操作によって，1本の DNA は 2, 4, 8, 16, 32, 64, 128, 256... と結局 n 回の作業で DNA の数は 2^n 本になる。1回の反応に係わる時間は数分であるため，短時間で犯罪捜査に必要十分な量まで複製させることが可能である。

いものほど移動速度が遅い。この分析法は生化学の分野では DNA やタンパク質を分離する手法として欠かせないものとなっている。DNA 鑑定で使われる手法はゲル電気泳動法とよばれるもので，多糖質のゲルを薄く延ばしたものの上にDNA の断片を滴下する。この場合，大きな DNA 断片はゲルからうける抵抗力が大きく遅く移動する。一方，小さな DNA 断片はゲルからうける抵抗力が小さく速く移動する。DNA に含まれるリン酸は図 15.6 に示したようにマイナスの電荷をもっているため，DNA 断片はプラス極に向かって移動し，各人固有の模様（電気泳動パターン）を形成する。

DNA 断片にはさまざまな大きさのものが存在するが，1個の断片が血縁の無い人間どうしで一致する可能性は 0.25 であることがわかっている。このため 2個の断片が一致する可能性は 0.25^2 となる。例えば 10 個の DNA 断片が一致する場合，$0.25^{10} = 9.54 \times 10^{-7}$ となり，約 1 億分の 1 の可能性となる。これは日本にほぼ 1 人の可能性となる。当然，DNA 鑑定のみでは被疑者の犯行を特定することはできないが，これに犯罪動機を加味すれば，ほぼ 100% の鑑定と考えることが可能である。

15.3 薬物判定

16 世紀の医師パラケルスス（Hohenheim, T., 1493-1541）は，「薬学は科学であると同時に芸術である。生命のプロセスそのものを相手にするのが薬学であり，そして，それらのプロセスは，あらかじめ理解してから道筋をつけなければならないのだ」といった言葉を残している。薬は，病気を防ぎ，緩和し，治すことを目的とする物質である。薬物の歴史的な発見をいくつか例を挙げると，古代中国の神話伝説時代の 8 人の帝王（三皇五帝）の一人である神農帝は，紀元前

2740 年ころ薬草に関する書物を記し，漢方薬の基礎を築いたといわれている。紀元前 4 世紀の医師ヒポクラテス（Hippocrates, BC460-370）は，柳の木の皮を煮出したお茶に解熱鎮痛作用があることを見出しており，分娩の際の痛みを和らげる薬として用いたと記されている。後年，このお茶に含まれる成分は，我々にもなじみの深い解熱鎮痛薬であるサリチル酸であることがわかった。ちなみに「サリチル」とは，柳の木の学術名（サリクス・アルバ；日本名はセイヨウシロヤナギ）に由来している。

15.3.1　薬の分子構造

　我々の体における情報伝達の大部分は，神経系を伝わる電気信号ではなく，実はホルモンとよばれる化学物質によるものである。ホルモンは内分泌線から血液中に放出され，目標の細胞に到着し役目を果たす。サリチル酸及びアセチルサリチル酸（アスピリン；図 15.9）などの薬品は，ホルモンと同様に化学物質による情報伝達系に作用することにより薬理作用を表す。簡単に述べると，ホルモンの一つであるプロスタグランジンは発熱や腫れを生じさせ，痛覚受容体の感度を高める働きがあるが，アスピリンは，このプロスタグランジンを分泌させる作用を持つタンパク質，シクロオキシナーゼ（COX）酵素をブロックし，結果的にプロスタグランジンの生成を阻害して発熱と腫れを抑えている。酵素による触媒作用によって生成されるプロスタグランジンのような物質を基質とよぶが，薬は基質がその特定の受容サイトと結合することを抑える。基質を「鍵」，受容サイトを「鍵穴」と考えれば，鍵穴に薬を差し込んでしまい，基質の生成を抑制・受け付けなくさせ，人体におけるさまざまな情報を伝達させないようにするわけである。

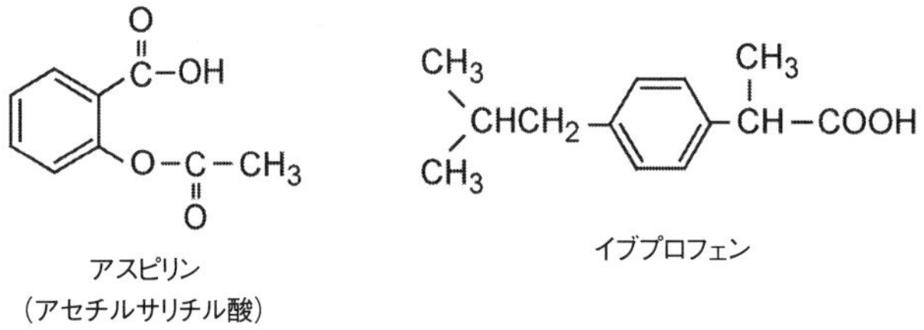

図 15.9　解熱鎮痛薬として用いられるアスピリン，イブプロフェン，アセトアミノフェンの構造式
ベンゼン環に 2 つの官能基が付いており，似た構造をしている。

　このことを理解すると，生理的な性質が似ている薬品どうしは，類似した分子構造をもち，同じような官能基をもっている必要があることが理解できる。例えばアセチルサリチル酸と同様に解熱鎮痛作用があるイブプロフェンやアセトアミノフェン（図 15.9）は，1 つのベンゼン環に細部は異なるが 2 つの官能基が付いている。

15.3.2　光学異性体

　炭素原子には結合の手が 4 本あり，それぞれに異なる官能基が結合した場合，その炭素原子は不斉炭素原子とよばれる。分子構造中に不斉炭素原子をもつ分子

は，右手と左手のように同じ形であっても決して重ならない鏡像関係にある2つの分子をもつ。これを**光学異性体**（図 15.10）とよぶ。光学異性体どうしは，分子構造は似ていても異なる分子である。このため薬の作用における鍵と鍵穴の関係を考えると，2つの光学異性体では，その薬理作用は大きく異なるということが理解できる。

例えば，図 15.9 に示したイブプロフェンには不斉炭素原子が存在し，このためL-イブプロフェンとD-イブプロフェンという2つの光学異性体が存在する。どちらも分子式は同じであるが，L型は鎮痛剤として働くが，D型は薬理作用をもたない。うまみ成分として有名なグルタミン酸ナトリウムも光学異性体をもつため，L型は調味料として利用されるが，D型は利用されない。

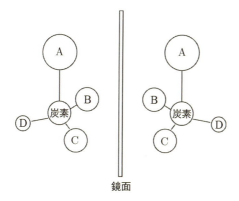

図 15.10　光学異性体の模式図
炭素原子の4つの結合の手には，すべて異なる原子団が結合しており，右手と左手の関係になっている。これらの分子はすべて同じ原子によって構成されているため分子式は同じであるが，構造は異なる。このため薬としての作用も異なる。

15.3.3　禁止薬物

日本の総務省では，薬物乱用とは，医薬品を本来の医療目的から逸脱した用法や用量あるいは目的のもとに使用すること，医療目的にない薬物を不正に使用することを指すとしている。医療目的の薬物を遊びや快感を求めるために使用した場合は，たとえ一回使用しただけでも「乱用」と定義される。昨今乱用される薬物の多くは，精神に影響を及ぼすものであり，感情の起伏，酩酊，幻覚などを及ぼす。このような薬物は依存性，常習性を伴うものが多く，依存形成物質または精神作用物質ともよばれている。日本における精神作用物質は，アヘン，大麻，鎮痛・睡眠剤，覚せい剤，幻覚剤，揮発性有機溶剤などに分類されており，それぞれ法律によって乱用が禁止されている。これまでは新しい精神作用物質が世に出回る度に個別に法律で使用を禁止してきた。例えば，2002年にマジックマッシュルーム，2007年にケタミン，2009年にMDMAといった具合である。しかしながら近年の危険ドラッグの氾濫により，薬物の分子構造の一部を変えただけの物質が多数出回るようになった。このため，2013年以降は「合成カンナビノイ

ド（大麻）類」のように薬物を包括指定して禁止する法律が公布されている。

15.3.4 大麻（マリファナ）

いくつかの精神作用物質を個別に見ていく。日本では大麻，外国ではマリファナという名前が一般的に使われるが，これらは大麻草の葉，茎，種子，花弁等の乾燥混合物である。精神作用物質の多くは葉と花弁に集中している。先に紹介した三皇五帝のひとり神農帝はすでに大麻を薬として利用しており，人類最古の記録である。

大麻中の主要な精神作用物質は，テトラヒドロカンナビノール（THC）であり，濃度として7%程度存在すると言われている。THCの吸引によって肺から血液にTHCが移り，特に脳に多く存在するカンナビノイド受容体に結びついてしまう。カンナビノイド受容体は快楽や記憶，思考，時間感覚を司る部位であり，結果としてこのような感覚に異常をきたすことになる。THCは水に溶けにくく，有機溶剤に溶けやすい性質をもつ。したがって，体脂肪（脂肪酸）などの疎水性の高い部位に長期間留まってしまう。このため1回の大麻の吸引から完全にTHCが体外へ排出されるまでに，約1か月が必要である。

15.3.5 MDMA

1980年代からアメリカで流行した精神作用物質のひとつで，エクスタシー（XTC）などともよばれる。MDMAは幻覚剤の仲間であり，覚醒剤のメタンフェタミンと同様の分子構造をもっている（**図15.11**）。このためMDMAを摂取するとメタンフェタミンと同様に脳内の神経伝達物質であるセロトニン，ドーパミン（**図15.12**）などの放出が行われ，特に情緒や睡眠，食欲などに関係するセロトニンについては大量の分泌が行われてしまう。同時にMDMAは体内でのセロトニンの合成を阻害してしまう。この阻害によるセロトニンの欠乏によって，記憶や言語の記憶失調を引き起こすことが知られている。

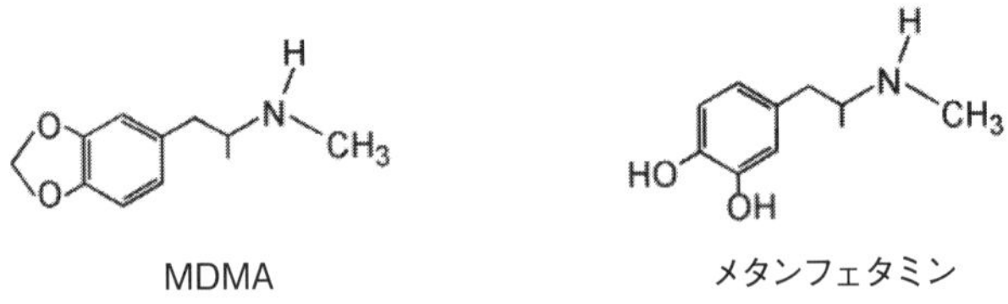

MDMA　　　　　　　　　　メタンフェタミン

図15.11 禁止薬物であるMDMAと覚醒剤（メタンフェタミン）の構造式
似た分子構造をしており，このためこれらの分子は同じように脳内の神経伝達物質に作用する。

15.3.6 覚醒剤（メタンフェタミン）

「覚せい剤」とも表記され，同一の物質を指す。覚醒剤つまりメタンフェタミンは1896年（明治29年）に薬学者・長井長義 (Nagai, N., 1845–1929) が合成に成功し，一般医薬品と同じように薬局で「ヒロポン」という名で大日本製薬株式会社（現在の大日本住友製薬）から売られていた。「疲労をポンと取る」または

15.3 薬物判定

「ヒロポノス」(労働を愛するという意味のギリシャ語)から命名されたといわれる。第二次世界大戦当時,アメリカ軍のB29爆撃機によって一般市民への無差別夜間爆撃が行われたが,当時の日本では夜間飛行を行う航空技術が弱く迎撃が難しかった。このため日本軍の搭乗員は,別名「暗視ホルモン」ともよばれたメタンフェタミンを服用することでB29爆撃機の迎撃に向かった。メタンフェタミンが服用されると,アドレナリン,ドーパミン,セロトニン(図15.12)といった神経伝達物質が血液中に放出される。実はこれら神経伝達物質は視覚感覚とも密接に関係しており,例えば光が網膜に当たった際,光の神経信号が視床下部に送られる。視床下部は赤い光を見た場合はアドレナリンを分泌させ,青い光を見た場合にはセロトニンが分泌される。したがってメタンフェタミンの摂取により,視覚感覚を鋭くさせることができるわけである。さらに付け加えると,アドレナリンは興奮状態を引き起こし,セロトニンは睡眠など精神の沈静化に関係するホルモンである。このため赤い光には興奮作用,青い光には沈静作用がある。第二次世界大戦終結前,この覚醒剤は軍により大量に生産され保管されていた。それは一億国民が本土決戦を行うための「決戦兵器」とするためである。しかしながら終戦によって軍が保管していたメタンフェタミンは不要になり,その結果大量に闇に出回ることになってしまった。このため50万人ともいわれる多くの市民がヒロポン中毒(覚醒剤中毒)に陥った。

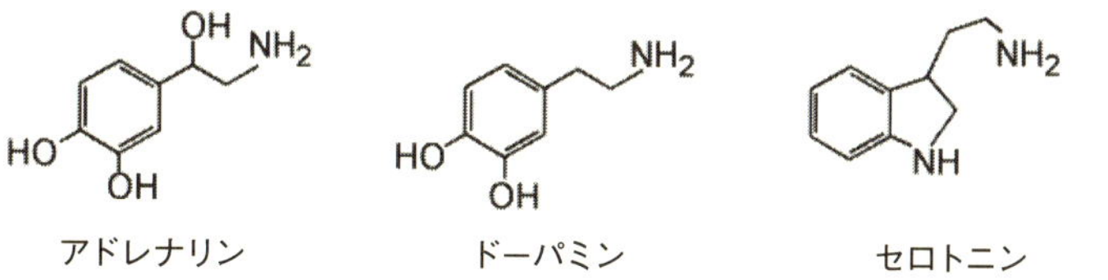

図15.12 神経伝達物質であるアドレナリン,ドーパミン,セロトニンの構造式

MDMAはセロトニンを大量放出させ,その後体内での合成を阻害する。結果的にセロトニンの欠乏が生じ,記憶や言語の記憶失調を引き起こす。

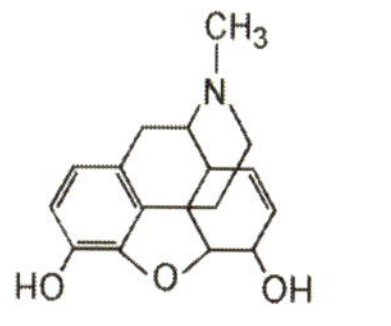

当時,メタンフェタミンの常習性や副作用について認識が無く,覚醒剤中毒に陥る人が数多くいたとされる。例えば,作家の坂口安吾などもその一人である。ちなみに同じく作家の太宰治はアヘン(モルヒネ;図15.13)中毒であったとされる。アヘンは覚醒剤以上の極めて強い常習性をもつ。覚醒剤の危険性を認識した日本政府は,1949年に覚醒剤の製造を禁止し,1951年に「覚せい剤取締法」を施行して限定的な医療分野でのみの使用を除き全面的な禁止を行った。

図15.13 アヘンから抽出され,強い痛みを取り除く作用のあるモルヒネの構造式。強い常習性がある。

15.3.7 質量分析法

禁止薬物使用の証拠を得るためには,尿や血液中に放出された禁止薬物,そしてその代謝物を確認する方法が一般に行われる。その際に用いられるのが質量分析法とよばれる手法であり,ガスクロマトグラム質量分析法(GC–MS)や液体クロマトグラム質量分析法(LC–MS)といった手法が用いられる。これらの基本的な測定方法の概略図を図15.14に示した。測定方法について簡単に述べると,これらはまず(1)ガスや液体の試料をカラムとよばれる物質を分離する管(カラム)

に導入する。(2) その後カラムを通って分離されてきた分子を、電子衝突、高速のキセノン、コロナ放電といった方法によってイオン化させる。(3) イオン化されて電荷をもった分子を検出する。この質量分析法は非常に高感度な分析手法であり、尿中に含まれる微量な薬物（ppm 以下）でも原理的に検出が可能である。

図 15.14 ガスクロマトグラム質量分析法や液体クロマトグラム質量分析法等に共通する測定方法の概略図

クロマトグラムによって試料分子が分離され、分離された分子は最終的にさまざまな方法によってイオン化され、電気的に計測される。

15.3.8 前処理

図 15.14 の試料の導入に関して述べる。薬物を含んだ尿や血液試料はそのまま質量分析系に導入されるわけではなく、一度前処理とよばれる化学的処理を施し、分析にかけられる。薬物は肝臓において代謝され、代謝物に変化する。先の覚醒剤（メタンフェタミン）を例に取ると、約 14〜16%がパラヒドロキシ体に変化し、2〜3%がアンフェタミンへ変化する。他の代謝物としてはノレフェドリン、安息香酸、フェニルアセトンなどである。一方、18〜27%のメタンフェタミンが代謝されずに体外へ放出される。薬物及びその代謝物は体内を血液にのって巡りやすくするために、糖と結合する場合がある。例えばパラヒドロキシ体は代謝によって生成した後、グルクロン酸により抱合を受け、グルクロン酸抱合体として存在する。分析を行う上では、このグルクロン酸抱合体が面倒となる。

尿中薬物分析の多くの場合、尿中の薬物濃度は極めて低いので、煮詰めることによりまず濃縮を行う。その後、尿中の夾雑物を取り除くために水と有機溶媒を用いた抽出が行われるが、このグルクロン酸抱合体は、どちらの相にも溶けてしまう。このため尿中のグルクロン酸抱合体に酵素を用いることで、グルクロン酸と薬物の結合を切る必要がある。この切断には約 1 日かかる。その後溶媒による抽出を行い、LC–MS などで分析が行われる。

演習問題の解答

2章

2.1　10^5, 10^{-5}

2.2　(1) 2.0×10^6 cm^3,　(2) 2.34×10^3 kg m^{-3},　(3) 27.8 m s^{-1}

2.3　55.6 mol,　3.35×10^{25} 個

2.4　2.2×10^{22} 個

2.5　3.27×10^{-25} kg

2.6　1.8×10^{24} 個

2.7　3桁

2.8　1.496×10^8 km

2.9　(1) 56.2 cm,　(2) 0.981 cm^2,　(3) 0.893×10^3 cm^3

2.10　(1) 4.0×10^{-19},　(2) 512

3章

3.3　2.43×10^{-12} m

3.4　$(l, m) = (0, 0), (1, -1), (1, 0), (1, 1), (2, -2), (2, -1), (2, 0), (2, 1), (2, 2)$

3.5

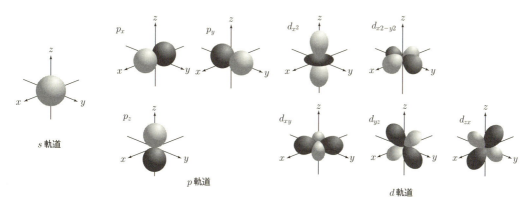

4章

4.1　(1) $\left[\mathrm{H\!:\!\ddot{O}\!:\!H}\atop\mathrm{H}\right]^+$　(2) H:Ö:Ö:H　(3) :Ö::C::Ö:　(4) H:C:C:H（H H ／ H H）

4.2 (1) $H_3C-C{\equiv}N$ (2) $CH_2{=}CH-CH_3$

      sp^3 混成軌道　sp 混成軌道　　　　sp^2 混成軌道　　sp^3 混成軌道

      結合角 109.5°　結合角 180°　　　　結合角 120°　　　結合角 109.5°

   (3) $CH_3CH_2CH_3$　　　　(4)　　　　$CH_3C{\equiv}CH$

     すべて sp^3 混成軌道

     結合角 109.5°　　　　　　　sp^3 混成軌道　　sp 混成軌道

                    結合角 109.5°　　結合角 180°

4.3 水分子は極性をもっており，分子間には水素結合による大きな引力が働いている。これに対しメタンは無極性分子であり，分子間には弱いファン・デル・ワールス力しか働いていない。このため水の沸点はメタンの沸点に比べ高いと考えられる。

6 章

6.1 $1000 \times 0.90 \times 10^{-2}/58.5 = 0.153 \fallingdotseq 0.15 \text{ mol L}^{-1}$

$$\Pi = cRT = 2 \times 0.153 \times 8.31 \times 10^3 \times 310 = 788 \times 10^3 \fallingdotseq 7.9 \times 10^5 \text{ Pa}$$

6.2 $(56.0 - 17.0) \times (200/100) \times ((160 + 5 \times 18)/160) = 121.8 \fallingdotseq 122 \text{ g}$

6.3 海水に溶けている塩化物イオンやナトリウムイオンなどによって蒸気圧降下が起こるため。

6.4 モル質量を M とすると，$3.6/(M \times 0.500) = 0.075/1.86$

$$M = 178 \fallingdotseq 1.8 \times 10^2 \text{ g mol}^{-1}$$

7 章

7.1 $HNO_3(aq) \longrightarrow H^+(aq) + NO_3{}^-(aq)$

7.2 塩酸は 1 価の酸であることから，水溶液中で電離後は塩酸と同濃度の水素イオン（H^+）が生じる。したがって，$pH = -\log_{10}[H^+]$ より，$pH = -\log_{10}[1.0 \times 10^{-3}] = 3.0$

7.3 酢酸は 1 価の酸であり，電離後の水素イオン濃度は，酢酸のモル濃度と電離度の積で求められる。$[H^+] = (酢酸のモル濃度) \times (電離度) = 0.0010 \times 0.010 = 1.0 \times 10^{-5} \text{ mol}$ L^{-1} したがって，$pH = -\log_{10}[H^+]$ より，$pH = -\log_{10}[1.0 \times 10^{-5}] = 5.0$

7.4 (a) 酸で 1 価　　(b) 酸で 2 価　　(c) 酸で 2 価　　(d) 酸で 3 価

    (e) 塩基で 1 価　　(f) 塩基で 2 価　　(g) 塩基で 2 価　　(h) 塩基で 3 価

7.5

	H_2 +	I_2 $\rightleftharpoons$	$2HI$
反応前の物質量(mol)	2.0	2.0	0
変化した物質量(mol)	-0.75	-0.75	$+1.5$
平衡時の物質量(mol)	1.25	1.25	1.5

容器の体積 10 L を用いて平衡時の各物質の濃度を代入すると，

$$K = \frac{[HI]^2}{[H_2][I_2]} = \frac{(1.5/10)^2}{(1.25/10)(1.25/10)} = 1.4$$

演習問題の解答

10 章

10.1

(a) H₃C-CH₂-CH₃ プロパン

(b) シクロペンタン

(c) トルエン

10.2

(a) ジエチルエーテル

(b) エタノール

(c) グリシン

(d) 2-ブロモ-1-プロペン

(e) カルコン

10.3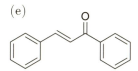

アルコール　芳香環　エステル　カルボン酸　ブロモ　アミン

12 章

12.3 M_n : 36000 (36222),　　M_w : 56000 (55988),　　PDI : 1.6 (1.55)

12.4

a) HDPE	b) iPP	c) PVC
$+CH_2CH_2+_n$	$\left(CH_2CH(CH_3)\right)_n \left(CH_2CH(CH_3)\right)_n$	$+CH_2CHCl+_n$
高密度ポリエチレン	アイソタクチックポリプロピレン	ポリ塩化ビニル
d) PVAc	e) PMMA	f) PS
ポリ酢酸ビニル	ポリメチルメタクリレート	ポリスチレン

g) PET	h) PC	i) PA-66
$\left(\!\!\begin{array}{c}O\\\parallel\\C\end{array}\!\!-\!\!\begin{array}{c}\\\\\end{array}\!\!-\!\!\begin{array}{c}O\\\parallel\\C\end{array}\!\!-O-CH_2\,CH_2-O\right)_{\!n}$	$\left(\!\!-O-\begin{array}{c}O\\\parallel\\C\end{array}\!\!-O-\!\!\begin{array}{c}\\\\\end{array}\!\!-\!\!\begin{array}{c}CH_3\\\mid\\C\\\mid\\CH_3\end{array}\!\!-\!\!\begin{array}{c}\\\\\end{array}\!\!\right)_{\!n}$	$\left(\!\!\begin{array}{c}O\\\parallel\\C\end{array}\!\!-(CH_2)_4\!\!-\!\!\begin{array}{c}O\\\parallel\\C\end{array}\!\!-NH-(CH_2)_6\!\!-NH\right)_{\!n}$
ポリエチレンテレフタレート	ポリカーボネート	ポリアミド-66 or ナイロン-66
j) PA-12	k) PPE	
$\left(\!\!-NH-\begin{array}{c}O\\\parallel\\C\end{array}\!\!-(CH_2)_5\right)_{\!n}$	$\left(\!\!\begin{array}{c}\\\\\end{array}\!\!-O\right)_{\!n}$	
ポリアミド-12 or ナイロン-12	ポリフェニレンエーテル	

13 章 ────────

13.1 細胞膜により自己と外界とを明確に隔離していること，代謝機能によって恒常性を維持していること，遺伝情報をもち自己を増殖する能力をもつこと，などがあげられる。

13.2 生物が外界から取り入れた物質を用いて行う合成や化学反応のことを代謝という。呼吸などの，物質を分解することでエネルギーを得る過程である異化と，エネルギーを使って生体高分子化合物を合成する過程である同化に分けられる。

13.3 α-グルコースが多数重合した高分子化合物であり，$\alpha 1,4$-グリコシド結合により直鎖状構造をしているアミロースと，$\alpha 1,4$-と $\alpha 1,6$-グリコシド結合により分岐構造をもつアミロペクチンの混合物である。

13.4 中性脂肪などの，アルコールと脂肪酸がエステル結合してできている単純脂質，分子中にリン酸や糖などを含み，両親媒性をもつものが多い複合脂質，単純脂質や複合脂質から加水分解によって誘導される，脂肪酸，ステロイド，カロテノイドなどの誘導脂質の3種類に大別することができる。

13.5 タンパク質ごとのアミノ酸残基の配列順序を一次構造という。N末端アミノ酸を先頭に，C末端を最後にする。αヘリックス構造や β シート構造などの，タンパク質中に局所的に見られる水素結合による規則的な構造部分を二次構造という。1つのポリペプチド鎖分子が折りたたまれた，それぞれのタンパク質に固有の三次元立体構造を三次構造という。2分子以上のポリペプチドからなるオリゴマータンパク質の分子構成と空間配置を四次構造という。

13.6 DNAは，糖とリン酸と塩基が結合したヌクレオチドの重合体である。重合体中で隣接するヌクレオチドはフォスフォジエステル結合によって連結されている。DNA鎖の骨格部分は糖とリン酸からなり，鎖から突き出ている4つの塩基アデニン，グアニン，シトシン，チミンの並びが塩基配列となる。

　遺伝物質であるDNAは，逆向きの2本のDNA鎖が巻きついた2重らせん構造を形成しており，2本鎖の向かい合った2つの塩基の間は水素結合している。塩基の結合は選択的で，AとT，CとGが結合する。

索　引

数字・欧文

0 次反応　79
1 次反応　79
2 次反応　79
2-デオキシリボース　141
3′ 末端　141
5′ 末端　141
α ヘリックス構造　140
β シート構造　140
C 末端　140
DNA　141
mol（モル）　12
mRNA　142
n 次反応　79
N 末端　140
π 結合　39
RNA　141
rRNA　143
σ 結合　39
sp 混成軌道　39
sp^2 混成軌道　39
sp^3 混成軌道　38
tRNA　143

あ 行

アイソタクチックポリマー　121
アガロース　134
アタクチックポリマー　121
アデニン　141
アニオン重合　119
アノード　76
アボガドロ定数　13
アボガドロ数　13
アボガドロの法則　50

アミノ酸　137
アミノ酸残基　139
アルカリ性　66
アルカン　96
アルキン　97
アルケン　96
アレニウスの式　82
アレニウスプロット　82
アンモニア　87
イオン化傾向　76
イオン結合　33, 36, 85, 87, 140
イオン結晶　36
異化　133
イソロイシン　139
一次構造　140
遺伝子　140, 163
ウラシル　141
液体　54
エネルギー保存の法則　108
塩　87
塩基性　66
塩基配列　141
塩基対　142
延性　36, 89
エンタルピー　114
エントロピー　114
エントロピー増大の法則　115
オキソ酸　88
オクテット則　33
オゾン層　152
オリゴ糖　134
オリゴペプチド　139
オリゴマー　140
温室効果ガス　152

か 行

開環重合　119
開始剤　119
化学発光　162
化学平衡状態　71
核酸　141
可視光線　160
数平均分子量　122
カソード　76
カチオン重合　119
活性化エネルギー　81
価電子　86
カドミウム　154
ガラス転移点　122
カロテノイド　137
カロテン類　137
還元　74
還元剤　75
緩衝溶液　70
キサントフィル類　137
基質　168
気体の分子運動論　51
気体反応の法則　46
キチン　134
起電力　77
ギブズの自由エネルギー　117
基本単位　8
逆平行　142
凝固点　62
凝固点降下　62
凝固点降下度　62
共重合反応　121
共通性　131
共役二重結合　41
共有結合　33, 34

共有電子対　34
極性　43
極性分子　43
金属　85
金属塩　87
金属結合　36
金属元素　85
グアニン　141
組立単位　9
グリコーゲン　136
グリコシド結合　134
グリセロ脂質　137
グリセロ糖脂質　137
グリセロリン脂質　137
グルコース　134
クロマチン　163
結合解離エンタルピー　113
結合性軌道　42
結晶構造　91
結晶性高分子　122
ケルビン温度　48
原子　46
原子量　12, 50
光学異性体　134, 139, 169
光合成　133
交互共重合体　121
格子エンタルピー　112
構成原理　28
構造異性体　96
高分子　119
呼吸　133
国際単位系　8
五炭糖　134
コドン　166
コレステロール　137
混成軌道　38

さ　行

最高被占軌道　162
再生　140
サブユニット　140
酸化　74
酸化還元電位　76

酸化還元反応　74
酸化剤　75
酸化物　86
三次構造　140
酸性　66
酸性酸化物　88
三炭糖　134
式量　12
脂質　136
脂質二重層　137
指数　7
ジスルフィド結合　140
シトシン　141
シャルルの法則　49
脂肪酸　137
重金属汚染　154
重縮合　119
集積回路　90
自由電子　36, 90
重付加　119
重量平均分子量　122
主鎖　139
蒸気圧　60
蒸気圧降下　60
硝酸　154
触媒　82
シンジオタクチックポリマー　121
靱性　89
浸透圧　64
水銀　154
水酸化物　86
水素結合　45, 140
スクロース　134
ステロイド　137
ステロイドホルモン　137
ステンレス　89
スピン量子数　28
スフィンゴ脂質　137
スフィンゴ糖脂質　137
スフィンゴリン脂質　137
絶縁体　90
絶対温度　48

絶対零度　48
接頭辞　10
セラミックス　89
セルロース　134
染色体　163
相補的塩基対　165
束一的性質　64
側鎖　137
疎水性相互作用　140
素反応　83

た　行

代謝　133
多段階反応　83
多糖　134
多分散度　122
多様性　131
単位　8
単位系　8
炭化水素　96
胆汁酸　137
単純脂質　136
炭水化物　134
弾性率　89
単糖　134
タンパク質　137, 139
窒素化合物　154
チミン　141
中性脂肪　136
定性分析　159
定量分析　159
デオキシリボ核酸　141
デオキシリボヌクレオチド　141
電解質　55
電気泳動　167
電気伝導性　36
電気分解　77
電子　20
電子基底状態　161
電子対　34
電子励起状態　161, 162
展性　36, 89

索　引　　179

電池　76
デンプン　135
電離　55
同化　133
糖脂質　137
糖質　134
トリチェリの真空　46
トリプトファン　139
トリプレットコドン　166
ドルトンの分圧の法則　50
トレオニン　139

な 行

二次構造　140
二重らせん構造　142, 164
二糖　134
ヌクレオシド　141
ヌクレオソーム　163
ヌクレオチド　141, 163
熱化学反応式　109
熱化学方程式　108, 109
熱可塑性樹脂　122
熱硬化性樹脂　122
熱伝導　90
熱膨張係数　90
熱力学温度　48
熱力学の第一法則　108
熱力学の第三法則　115
熱力学の第二法則　115
ネルンストの式　76
燃焼エンタルピー　112
濃度　58

は 行

配位結合　41
ハイゼンベルグの不確定性原理
　25
パウリの排他原理　28
発酵　133
発光ダイオード　91
バリン　139
反結合性軌道　43
半減期　81

半導体　90
半導体素子　90
半透膜　63
反応次数　79
反応速度　77
光駆動型分子モーター　2
非共有結合　140
非金属　85
非金属元素　85
非金属水素化物　87
非晶性高分子　122
ヒストン　163
必須アミノ酸　139
非電解質　56
比熱容量　90
標準酸化還元電位　76
標準状態　50, 109
標準生成エンタルピー　110
標準生成自由エネルギー　117
ファン・デル・ワールス相互作用
　140
ファン・デル・ワールス力　44
ファントホフの式　64
フェニルアラニン　139
フォスフォジエステル結合
　141
不可逆反応　71
付加重合　119
付加縮合　119
複合脂質　136
不斉炭素　139
不斉炭素原子　168
不対電子　34
物理量　12
沸点　62
沸点上昇　62
沸点上昇度　62
沸騰　62
ブロック共重合体　121
分極　43, 90
分子　46
分子軌道　42
分子量　12

フントの規則　29
平均結合エンタルピー　113
ヘスの法則　111
ペプチド　139
ペプチド結合　139
ヘモグロビン　140
変性　140
ヘンリーの法則　61
ボイルの法則　48
飽和溶液　56
補色　160
ポリヌクレオチド　141
ポリペプチド　139
ホルモン　168

ま 行

マックスウェル‒ボルツマン分布
　52
マルトース　134
マンナン　134
無機化合物　85
無極性分子　43
メチオニン　139
メッセンジャー RNA　166
モノマー　119, 140
モル凝固点降下　63
モル体積　50
モル沸点上昇　63

や 行

ヤング率　89
有機化合物　85
有効数字　14
　——の桁数　14
融点　90
誘電体　90
誘導脂質　136
溶液　54
溶解　54
溶解度　56
溶解度曲線　57
溶質　54
溶媒　54

四次構造　140
四炭糖　134

ら 行

ラウールの法則　60
ラクトース　134
ラジカル重合　119
ランダム共重合体　121
リジン　139
理想気体　51
　　——の状態方程式　52
理想希薄溶液　61
理想溶液　60
律速段階　83
リボ核酸　141
リボース　141
リボヌクレオチド　141
硫酸酸性水　154
両親媒性　137
良導体　90
リン脂質　137
ルイス構造式　34
ルシャトリエの原理　72
ルミノール反応　159
零点振動エネルギー　48
ロイシン　139
六炭糖　134

編著者紹介

田 島 正 弘
たじままさひろ
1976年　東京都立大学大学院工学研究科
　　　　修士課程修了
現　在　東洋大学理工学部応用化学科教授
　　　　博士（工学）

熊 澤 　 隆
くまざわ　たかし
1988年　北海道大学大学院薬学研究科
　　　　博士後期課程修了
現　在　埼玉工業大学工学部生命環境
　　　　化学科教授　薬学博士

吉 田 泰 彦
よしだやすひこ
1980年　東京大学大学院工学系研究科
　　　　博士後期課程修了
現　在　東洋大学理工学部応用化学科教授
　　　　工学博士

ⓒ　田島正弘・熊澤 隆・吉田泰彦　　2018

2018年 3 月 30 日　初 版 発 行
2021年 9 月 22 日　初版第 3 刷発行

理工系学生のための
基 礎 化 学

　　　　　田 島 正 弘
編著者　熊 澤 　 隆
　　　　　吉 田 泰 彦

発行者　山 本 　 格

発 行 所　株式会社　培 風 館
東京都千代田区九段南 4-3-12・郵便番号 102-8260
電 話 (03) 3262-5256 (代表)・振 替 00140-7-44725

D.T.P. アベリー・平文社印刷・牧 製本

PRINTED IN JAPAN

ISBN 978-4-563-04626-2　C3043